惠风在衣

少年雅集

李海波／主编

江苏凤凰文艺出版社
JIANGSU PHOENIX LITERATURE AND ART PUBLISHING

图书在版编目（CIP）数据

惠风在衣 / 李海波主编 . -- 南京 : 江苏凤凰文艺出版社 , 2022.12
（少年雅集）
ISBN 978-7-5594-7131-4

Ⅰ . ①惠… Ⅱ . ①李… Ⅲ . ①服饰文化 – 中国 – 少儿读物 Ⅳ . ① TS941.12-49

中国版本图书馆 CIP 数据核字 (2022) 第 161568 号

惠风在衣（少年雅集）

李海波 主编

责任编辑	张　倩
特约编辑	严晓娥　陈晓宇
书籍设计	廖若凇
出版发行	江苏凤凰文艺出版社
	南京市中央路 165 号，邮编：210009
网　　址	http://www.jswenyi.com
印　　刷	雅迪云印（天津）科技有限公司
开　　本	880 毫米 ×720 毫米　1/12
印　　张	9
字　　数	165 千字
版　　次	2022 年 12 月第 1 版
印　　次	2022 年 12 月第 1 次印刷
书　　号	ISBN 978-7-5594-7131-4
定　　价	48.00 元

服饰

服饰，是穿在身上的文化。我们中国人拥有灿烂的服饰文化历史，不同时期的人们都有着自己鲜明的“时尚”。数千年以来，纺织、裁衣、刺绣、穿戴的方式经历了巨大的演变。各个历史阶段的人们，他们都喜欢穿什么样式的衣服？喜欢佩戴什么样的饰品？钟爱什么样的纹饰？他们又是怎么穿戴这些服饰的？这些问题的答案蕴含着丰富的文化内涵，让我们感受到中国人认真的生活方式、优雅的审美意识和抱素怀朴的民俗观念。

历史长河一路蜿蜒，那些深衣曲裾和流传千年的刺绣花纹，都是古人留给时光的永恒礼物，在我们今天的生活里，它们没有走远，仍然可以见到。

现在，让我们穿越时间长河，去探寻服饰背后的故事，看见自己的历史，了解自己的文化。

目录

服装小史 01

· 深衣：深深藏进衣服里 03
· 马王堆『素纱单衣』：辛追夫人的丝绸小衫 05
· 随心穿衣的隐士：『竹林七贤』 06
· 衣带飘飘的岁月：襳髾 08
· 凌波微步／华带飞髾 09
· 方便又休闲，时髦还舒适：窄袖小襦与无袖裹衫 10
· 圆领袍：安能辨我是雄雌？ 13
· 绣罗衣裳：襦裙的黄金时代 14
· 长安一片月，万户捣衣声 17
· 丝绸之路：从中国到罗马的漫漫旅程 20
· 清秀如竹：宋装褙子 29
· 明代美衣：传统与时尚并存 33
· 吉服：大吉大利 35

巧夺天工：纺织记 50

· 试着来认识几种织布机吧！ 55
· 缂丝：织机作笔，丝线当墨 57
· 探秘！多彩的少数民族纺织 74
· 四大名绣：百变风景千万针 87

·圆领袍：安能辨我是雄雌？

·绣罗衣裳：襦裙的黄金时代

·长安一片月，万户捣衣声

·丝绸之路：从中国到罗马的漫漫旅程

·清秀如竹：宋装褙子

·明代美衣：传统与时尚并存

·吉服：大吉大利

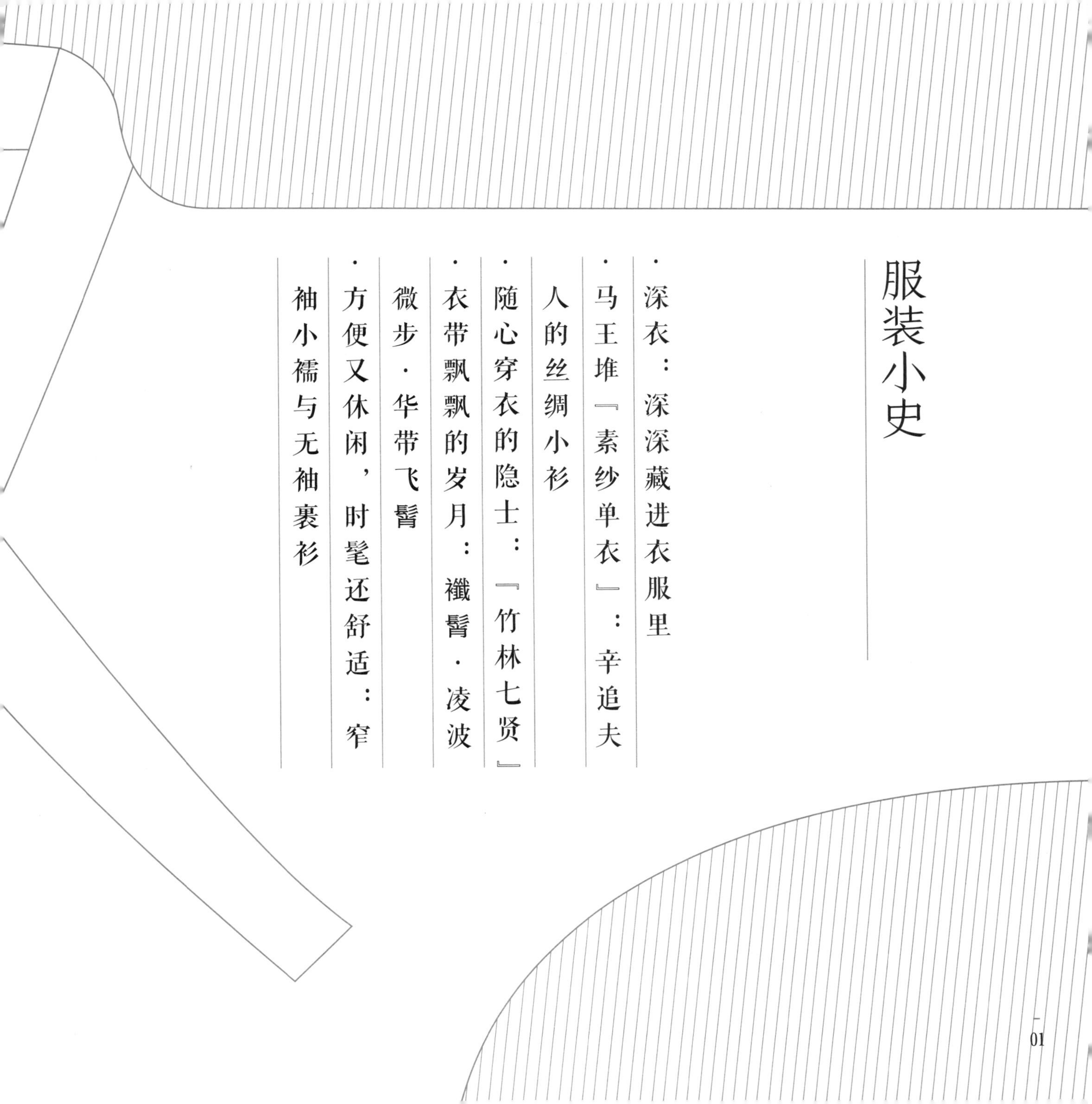

服装小史

- 深衣：深深藏进衣服里
- 马王堆「素纱单衣」：辛追夫人的丝绸小衫
- 随心穿衣的隐士：「竹林七贤」
- 衣带飘飘的岁月：襳髾·凌波微步·华带飞髾
- 方便又休闲，时髦还舒适：窄袖小襦与无袖裹衫

古时候，人们如何生活呢？春种秋收，纺纱织布，和我们一样饮食、穿衣，认真度过每一天。

古人很重视自己的形象，不同年龄、身份的人都有相对应的装束，节庆的日子还要添置新衣，盛装打扮……我们今天穿的服装，在最近一个世纪才成为流行，而在过去每个朝代，都有各自的流行服饰。时间像河水一样流走，当年的时装成了“古装”，成了一个个朝代的经典形象。

你看，画面中的女子正在梳妆打扮，她为什么要往额头上贴梅花呢？原来，这就是“花钿（diàn）”，是古代女子的化妆术。在南朝时期，从宫廷的公主到民间的少女，大家都喜欢这种“梅花妆”。在服饰的历史中，这样有趣的“流行”数不胜数，现在就让我们一起回顾过去的“时尚”吧！

注：

梅花妆：据说，南朝的宋武帝有一位女儿寿阳公主。有一天，公主在屋檐下休息，刚好有一朵梅花落在她的额头上，醒来后也没有掉下。其他爱美的仕女见到了，都觉得好看，纷纷模仿，于是兴起了一股“梅花妆”的风潮。

▲《梅花仕女图轴》　元　台北故宫博物院藏

深衣：深深藏进衣服里

衣裳，就是“衣”与“裳”的合称。

上古时代，人们穿着上下分开的衣服，上装叫“衣”，下装叫“裳”（在这个含义里，裳念cháng），就像我们今天也会把衣服裤子分开穿一样。到了春秋战国时期，衣和裳连在了一起，成了一件覆盖全身的长衫，在衣裳相连的位置留下一条缝线。因为能将人深深藏进衣服里，古人就称它为“深衣”。深衣美观方便，适合各种年龄、职业、身份的人穿着，从战国到西汉，深衣流行全国，成为男女老少衣柜中的经典款式。

到了春秋时期，人们喜欢在衣服上绣花，并用深色的锦缎镶嵌衣领和袖口。你看左侧画面中这位战国女子，她的衣领和袖口就明显加上了装饰。她的脑后梳着马鞍形的发髻，发髻上缠绕着绸带。她身穿垂地深衣，衣服上绣有流云似的花纹，腰间束着宽厚的浅色腰带，双手合十，表情肃穆，似乎正在向上天祈祷。

《人物龙凤帛画》 战国 · 佚名 湖南博物院藏 ▲

画面中这位留着小胡子的“驯龙高手”同样来自战国时期，他穿着长长的深衣，头戴步摇冠，冠帽垂下的长缨迎风飞扬。他在腰间佩着宝剑，紧紧地扯着手里的缰绳，驾驭着巨龙遨游四海。宝剑、高冠、飘逸潇洒的衣衫，真是好一派战国人的风采！

▲《人物御龙帛画》 战国·佚名 湖南博物院藏

马王堆“素纱单衣”：辛追夫人的丝绸小衫

纱，是一种柔软轻盈的衣料，直到今天仍深受人们喜爱。两千年前，生活在汉代的辛追夫人就拥有图中的素纱薄衫，像这样交叉向右的领口，我们叫它“右衽（rèn）”。这件小衫有着窄细的腰身，袖口和领边都用闪亮的绸缎包裹起来，这是经过了改变的深衣。

根据古籍记载，素纱单衣原本的颜色是洁白如雪的，罩在色彩鲜艳的华服外面，似云似雾，朦朦胧胧。灯下看去，身穿素纱单衣的汉代女士一定也像月亮中的嫦娥一样，飘然如仙。

藕色方孔纱（局部） 汉·马王堆汉墓出土 湖南博物院藏 ▲

曲裾素纱单衣 汉·马王堆汉墓出土 湖南博物院藏 ▲

随心穿衣的隐士：“竹林七贤”

魏晋时，有七位博学多才的智者成了朋友。他们常常在竹林间聚会，弹琴饮酒，谈天论地，兴致高涨时还会发出畅快的呼啸声，世人称他们为“竹林七贤”。这七位大贤人各有各的脾气，不把世俗规则放在眼里，就连古人十分重视的“衣冠”，也不肯好好穿戴，时常袒胸露腹。这样的穿着体现了他们随心所欲的生活态度。

这幅画里只来了“四贤”，他们是山涛、王戎、刘伶和阮（ruǎn）籍。四位贤人都穿着宽松透风的大袖衫，这种穿法叫作“褒（bāo）衣博带”，“褒”和“博”都有宽、大的意思，宽袍、阔带的服装是魏晋文士的流行装扮。

注：

孙位，初名位，后改名遇，号会稽山人，会稽（今浙江省绍兴市）人。生卒年不详，中国唐代画家，主要活动于 9 世纪后半叶。书画都很擅长，所画的龙水、人物、鬼神、松石、墨竹都很精妙。北宋内府曾藏有他的作品 27 件，但如今，《高逸图》是他仅存的传世作品。

《高逸图》　唐 · 孙位　上海博物馆藏 ▼

衣带飘飘的岁月：襳髾

魏晋人无拘无束地爱美、爱时髦，当时的女子对美丽的装扮有一番独到的见解。魏晋时流行一种叫“襳（xiān）髾（shāo）”的女装，这两个字对我们来说陌生又复杂。其实它们的含义很简单：襳，指围裳的飘带；髾，指旗子一样上宽下窄的倒三角形装饰，好几层髾连起来，形状像燕子的尾巴。襳髾合在一起，就成了服装上垂挂的美丽装饰。

穿上了襳髾，走起路来丝带飞扬，燕尾垂落，灵动飘逸。西汉文学家司马相如叫它“蜚（fēi）襳垂髾”，蜚就是飞的意思。看看这张《女史箴图》，微风过处，女士们轻盈的衣带和衣角，是不是都跟着飞起来了？

注：

顾恺之（约 348—409），字长康，今江苏省无锡市人，东晋时期的画家。多才，善于作诗赋，精于绘画。他的画线条连绵流畅，如“春蚕吐丝”，与曹不兴、陆探微、张僧繇合称“六朝四大家”。

▼《女史箴图》 东晋·顾恺之作，唐代临摹版本 英国大英博物馆藏

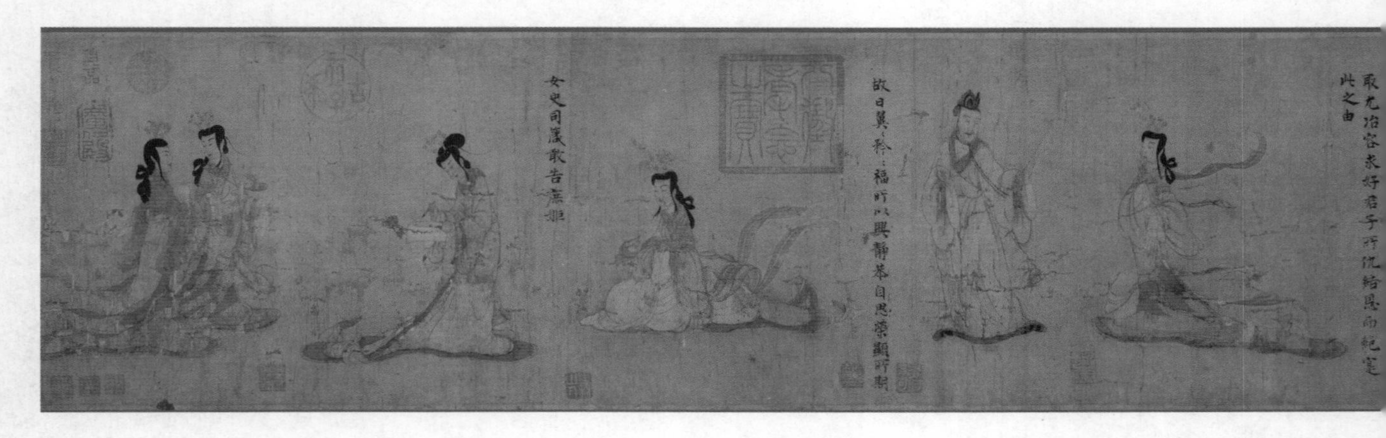

凌波微步

左边的画中描绘了东汉文学家曹植的一场美梦，光彩照人的洛河女神迈着优美的轻步，缓缓走动。有了襳髾在她的身旁飘飞，让这个梦越发震荡人心、唯美飘逸了。

《洛神赋图》（局部）▲
东晋 · 顾恺之作，宋代临摹版本
故宫博物院藏

华带飞髾

襳髾通常都是层层叠叠的，看上去特别华美，右边的画里，这位夫人就穿着时兴的襳髾服，一层又一层的衣裙看得我们眼花缭乱。看来“叠穿”这种时尚，在千年前就已经流行了。

《列女仁智图卷》（局部） 东晋 · 顾恺之作，南宋临摹版本 ▲
故宫博物院藏

▲ 《北齐校书图》（局部） 北齐 · 杨子华绘，宋代临摹版本 美国波士顿美术馆藏

方便又休闲，时髦还舒适：窄袖小襦与无袖裹衫

注意到《女史箴图》中替人梳头的红衣侍女了吗？或许你已经发现，她的穿着与画里其他衣裙飘飘的夫人不太一样，她的衣袖明显窄了很多。宽袍大袖，虽然飘逸，行动起来却不如剪裁适体的衣服方便，这种干脆利落的窄袖小衫叫作“襦（rú）”。襦衫长裙的搭配美观而不失灵活，因而逐渐成了魏晋之后的南北朝以及隋唐女子的喜好。

南北朝民歌《西洲曲》这样唱：单衫杏子红，双鬓（bìn）鸦雏色。描绘了女主角身穿俏皮的红色单衫，美丽的头发就像乌鸦的羽毛一样黑亮。看了上面这幅《北齐校书图》，我们仿佛也能亲眼见到像她一样鲜活明亮的身姿了！

注：

杨子华，北齐画家，生卒年不详。擅长画贵族人物、宫苑、鞍马，他的画风对当时和后来的唐代都有不小的影响。

《女史箴图》（局部） 晋·顾恺之作，唐代临摹版本 英国大英博物馆藏 ▲

▲ 《北齐校书图》（局部） 北齐 · 杨子华绘，宋代临摹版本 美国波士顿美术馆藏

现在，让我们来“摸黑”观看一场北朝时装秀吧！

左上方图中的四位文士是画中的主角，他们每个人都穿着清凉的里衣，披着半透明的裹衫。裹衫没有衣袖，只能披在肩上用衣带系住，相当于后来的披风。这种前卫的造型，不仅在南北朝显得风流时髦，在今天看来也很有个性。

这些文士之中，有人凝神沉思，有人专心书写，还有两位正在互动。右下角的文士离开了座席，正在穿鞋，看来是打算离去了。旁边的同僚连忙放下手中的七弦琴，转身挽留，这一幕被画师按下了暂停键，画进《北齐校书图》，流传了上千年。

右图中间，一位红衣文士正在认真工作，他穿的这种翻领长袍叫作“胡服”，是从西域传入中原的服装。北朝时，胡服通常是男子的穿着。到了唐代，女性之中也流行起了胡服靓装。

圆领袍：安能辨我是雄雌？

这是三幅描绘唐代生活的古画，里面都有身穿圆领袍、腰系革带的女子。从《虢国夫人游春图》中我们发现，原来这种打扮是“男女同款”的。区别在于，男子戴着巾帽，而女子梳着两个可爱的垂髻（jì）。两侧开衩的圆领袍衫，原本也是一种具有大唐风格的胡服男装。中唐时，宫廷仕女们率先穿起了男装，打起了马球，这种英姿飒爽的装扮很快就风靡了全国，姑娘们纷纷穿上圆领袍，骑上骏马，追赶中性时尚。

注：

钱选，字舜举，号玉潭、清癯（qú）老人、巽（xùn）峰，吴兴（今浙江省湖州市）人，生卒年不详。他是南宋的进士，宋朝覆灭后，不肯在元朝当官，于是寄情山水，流连诗酒，终其一生。他是一位技法全面的画家，花鸟、山水、人物、鞍马无一不擅，而且功力很深。元初，他与赵孟頫、王子中、陈式等人并称“吴兴八俊”。

《贵妃上马图》（局部） 元 · 钱选 ▲
美国弗利尔美术馆藏

《宫乐图》（局部） 唐 · 佚名 ▲
台北故宫博物院藏

《摹张萱虢国夫人游春图》（局部） ▲
北宋 · 赵佶 辽宁省博物馆藏

绣罗衣裳：襦裙的黄金时代

隋唐时的女装，不仅有继承自北朝的本土风格，还有来自丝绸之路的外邦时尚，新鲜潮流一浪接着一浪。具有冒险精神的时髦女郎们，可一点儿也不甘落后。但即使再钟爱异域风情，大唐女子最难割舍的仍然是那一身襦裙。

襦衫、长裙、帔帛（pèi bó），组成了襦裙装三件套。襦衫在上，长裙在下，帔帛长长地搭在肩头、臂弯。画面中的女子就为我们展示了大唐女装三件套的正确穿着方式：上身穿一件及腰的袒胸襦衫，曳（yè）地长裙高高提起到腋下，外加一条颜色相配的帔帛画龙点睛。乌黑如云的发髻也是必不可少的，唐代女性总是那么精致亮丽。

▲ 《内人双陆图卷》 唐 · 周昉
台北故宫博物院藏

注：

周昉（fǎng），生卒年不详，字仲朗，又字景玄，京兆（今陕西省西安市）人。唐代画家，出身于官宦之家，曾任越州、宣州长史。擅长绘画佛道图像，也精于人物肖像和仕女画，以画风写实、形神兼备而令世人瞩目。

李公麟（1049—1106），字伯时，号龙眠居士，舒城（今属安徽省）人。北宋著名画家。他好古博学，喜爱藏钟鼎古器及书画。擅长画人物、佛道像，尤其精于鞍马，他的白描画法更是在当时独树一帜。

《丽人行卷》（局部） 宋 · 李公麟 ▶
台北故宫博物院藏

◀ 从这位正在演奏乐器的唐代女乐手身上，
可以看到立体版的襦裙。
女乐俑　唐　美国克利夫兰艺术博物馆藏

长安一片月，万户捣衣声

捣练，也叫作捣衣，是古代入秋后妇女们常做的家务活。她们捶捣的“练”是一种用生丝制成的布料，未经加工时会有些发黄和发硬，需要用沸水煮泡，再用木杵（chǔ）捶捣，才能变得洁白柔软。

在《捣练图》中，从右往左看，开头有四位高挑丰满的女子，每个人手里都提着两头粗中间细的木杵，捣着砧（zhēn）上的素练。她们的左边，两位女子面对着面，一个坐在地毯上整理丝线，另一个坐在凳子上缝纫，你看到她们手中若有若无的细线了吗？

再往下看，四位女性正在齐心协力地劳作，三个人合力将布料扯开，摊平，一个人拿着熨斗，熨烫浆洗后的白练。没错，唐代的熨斗是一只大勺子，里面装着烧红的炭火。这些炭火都是旁边那位蓝衣小姑娘烧出来的，她感到热极了，很怕炭盆里冒出的热气，已经把头扭开了。

经过浆洗、捶捣、熨烫等许多道精细的加工后，白练终于可以用来裁衣服了。这时的天气一天比一天凉了，大诗人李白告诉我们：“长安一片月，万户捣衣声。”皎洁的秋月下，家家户户都在忙着捣衣，准备御寒的新衣。捣衣的声音，也能传达给我们盛唐时美好的风俗景象。

《摹张萱捣练图》 北宋 · 赵佶 美国波士顿美术馆藏 ▲

我们再来把这幅画放大，近距离地看看唐朝女子的美丽衣裙。她们穿着不同花纹的襦裙，肩披帔帛，穿着鞋头翘翘的履。头上的发饰款式各异，一定是花了不少时间，对着镜子仔仔细细戴上去的。

帔帛的形状像一条长围巾，唐代帔帛的材质通常是绫、罗，它们的颜色和花样精美百变，各种款式都有。女士们会根据自己每天的心情，挑选适合的帔帛来搭配。

履，就是鞋子。履大多是用丝织品制作的，翘起的履头有尖的、圆的，还有多边形和云朵形。各种形状的履头露在裙子外面，真是别有趣味！

《摹张萱捣练图》（局部） 北宋 · 赵佶 ▶
美国波士顿美术馆藏

▲ 胡人牵驼砖　唐　敦煌研究院藏

丝绸之路：从中国到罗马的漫漫旅程

唐朝时，人们对外面的世界特别感兴趣，开始更加频繁地与异域往来。就像今天的人们穿西装、晚礼服，吃世界各国的美食一样，唐朝人穿胡服，喝葡萄酒，看印度舞蹈。从波斯运来的外国商品总能在唐朝的首都——长安城，掀起新的热潮。

而柔软光滑、美丽无比的中国丝绸也早就红遍亚欧大陆，成为西域国家最渴望的奢侈品。于是，无数外国商队赶着骆驼到中国，带来音乐、舞蹈、美酒、毛毯，又从中国带走珍贵的丝绸、瓷器，这条充满了冒险和期待的万里长路就是“丝绸之路”。

驿使图画像砖　魏晋　甘肃省博物馆藏 ▲

丝绸之路究竟有多长呢？现在我们知道，它的起点在长安，一路经过甘肃、新疆，穿过中亚、西亚，到达欧洲，最后还要在地中海沿岸转上一圈。在没有飞机和火车的古代，进行这样的长途旅行可真是了不起的壮举啊！

其实，丝绸之路在汉代就已经开辟了，著名的汉代使臣张骞（qiān）就是从长安出发，前往西亚，率先向西亚各国发去问候。

可丝绸之路不是一条平坦的大马路，而是一趟长长的旅程，要翻过山川，穿越沙漠，一路上没有任何路标。在交通不便、战争频发的古代，丝绸之路并不能一直保持畅通。东汉时，丝绸之路就曾一度荒废，东汉外交家班超几次出使西域，才和西域各国恢复了联系。这条从中国一路向西的贸易之路，到处都有传奇故事，说都说不完。

离开长安，沿着丝绸之路向西出发，走过三千多里路，我们来到了一座小城，它叫敦煌。提起敦煌，你一定会想起世界闻名的艺术宝库——敦煌莫高窟，它就像沙漠里的一颗宝石，在黄沙中散发着夺目的光芒。

莫高窟里藏着无数珍宝，其中也有我们正在了解的丝织品。走进藏经洞，里面堆放着唐代晚期留下的佛教经书、书法、绘画，还有不少绚丽的织物，比如幡（fān）和伞裙。图中的物品就是“幡”，它可以被理解为一种旗帜，通常挂在室内。看看右边这条完整的彩幡，幡头是三角形的；中间长方形的躯干叫“幡身”；左右两条彩带，好像人的两只手，叫作“幡手”；下方的三条垂带当然就是“幡足”了。

注：
敦煌莫高窟：世界上现存的佛教石窟中，它是规模最大、内容也最为丰富的一个石窟，有多彩的壁画和雕塑，还有许多织物、书卷等文物。

彩幡　晚唐至五代　英国大英博物馆藏 ▶

彩幡通常用丝织品制作，再用颜料画成彩色。而布满花纹和图案的绘幡，需要用颜料在丝织品上手绘而成。左边这件绘幡，三角形的幡头上华丽繁复的纹饰，就是靠画师一笔一笔手绘出来的。

◀ 持红莲菩萨幡　唐　法国吉美博物馆藏

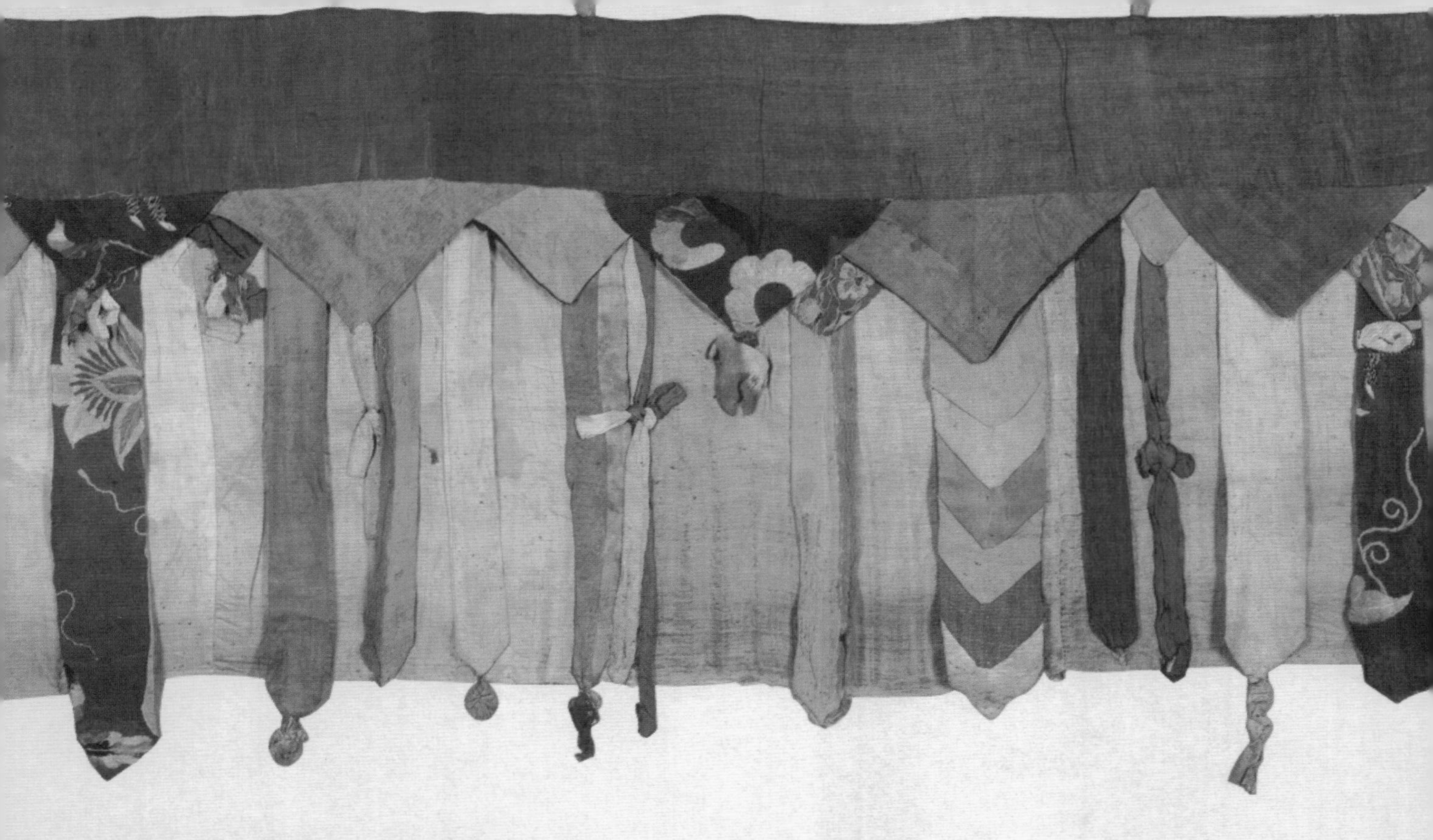

▲ 帷幔　晚唐至五代　英国大英博物馆藏

像幡一样，悬挂起来使用的，还有一种叫“伞裙”的装饰物，一般绕着伞边，垂下一圈华美的丝带。图中这样一条五颜六色的丝织品，根据学者们的推测，有可能就是作为伞裙来使用的。它有一条宽宽的彩边，黄色的衬底上缝着三角形“小旗子”，以及各色彩条，颜色的碰撞活泼跳跃，是唐代西域的独特风格。

这些历经了岁月风沙与朝代更替的织物来到我们眼前，仍然柔软不朽，色彩完好。品质坚定的事物，总是不与时间较劲，沉静下来，度过每一个日日夜夜，方能长久。

七彩丝路总是给我们意料之外的惊奇，从敦煌再往西走，就到了神秘的精绝古国。这个西域古国地处茫茫沙漠，孕育出了跟中原地区不一样的服饰文化。当中原的丝绸、锦缎随着这条路线进入沙漠，它们就与极具西域特色的服饰发生了碰撞。

▲ “五星出东方利中国”锦护膊　东汉　新疆维吾尔自治区尼雅遗址 M8 出土

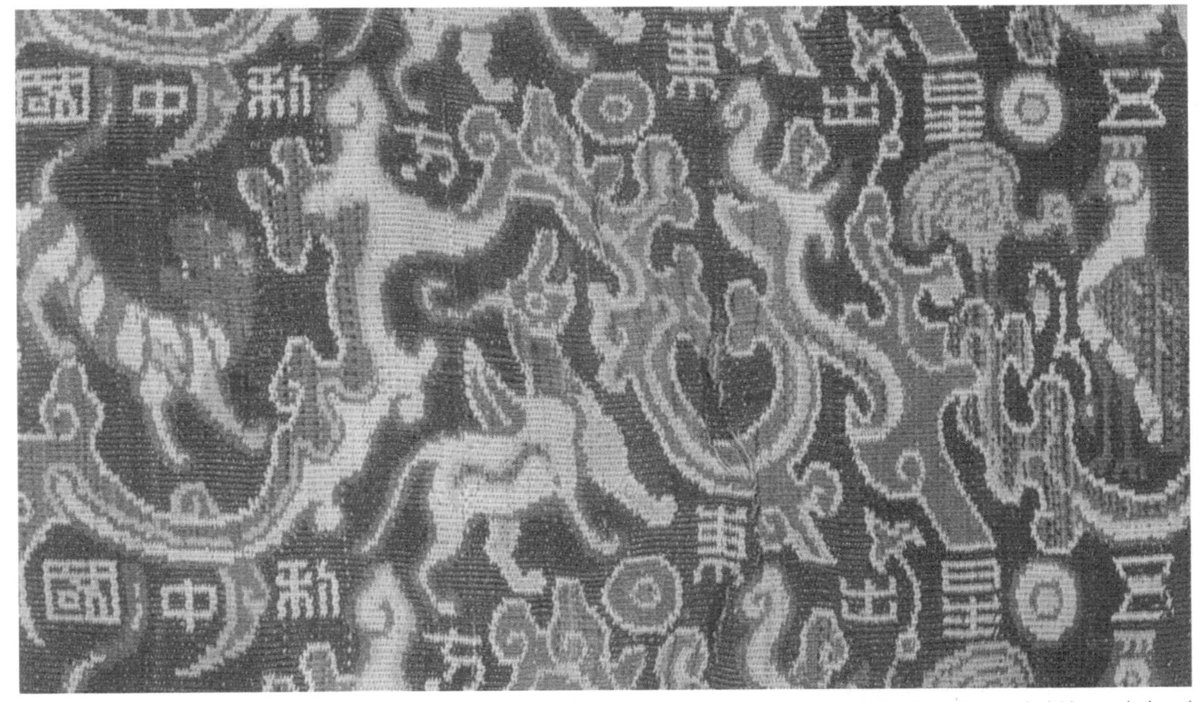

“五星出东方利中国”锦护膊（局部） 东汉 新疆维吾尔自治区尼雅遗址 M8 出土 ▲

这件锦护膊（bó）明丽的色彩非常引人注目，它的来历可不同寻常，曾经的主人是精绝古国的一位王子。它所用的织锦是中原东汉时期的流行款式，有着禽鸟、走兽和云气组成的花纹。

除了图案，锦上还有“五星出东方利中国”几个清晰可辨的文字。“五星出东方”是一种稀有的天文现象，被古代的人们视作寓意非常好的大吉之兆，而“中国”正是当时的中原汉王朝。来自中原地区的织锦一路长途跋涉，到达西域，成了捆绑在精绝王子手臂上的一件护膊。

◀《歌乐图》（局部） 南宋 · 佚名
上海博物馆藏

▼《歌乐图》 南宋 · 佚名 上海博物馆藏

清秀如竹：宋装褙子

如果说唐代时尚是一场绚烂多彩的烟花盛会，那么宋代时尚就像夜空中一弯月牙，安静又内敛。你看这幅《歌乐图》，与前面我们看过的唐朝丽人相比，画中的宋代女子是不是显得清瘦苗条？

宋代女子日常的穿着很简单，上衣有袄（ǎo）、襦、褙（bèi）子，搭配裙子和裤子。襦是一种及腰的窄袖衬衫，褙子通常套在裙装外面，有窄袖和宽袖两种，长度大多超过膝盖。画面中的女子都穿着长裙和褙子，不仅裙子窄小，窄袖褙子也是紧凑合身，这种“飞流直下”的衣襟叫直领对襟，衣襟上没有纽扣，形状简约、修长，女子穿上了它，也变得像竹子一样瘦长清秀了。

一个天气宜人的日子，北宋画家李公麟和他的好朋友苏轼、苏辙兄弟，还有黄庭坚、米芾（fú）等文人墨客，一起来到绿意盎然的花园里聚会。游到兴起，画家李公麟开始在石案边挥毫泼墨，朋友们也都围了过来，兴致勃勃地观看他作画。

画面中几位文人雅士都穿着相似的服装，从那富有弹性的线条中，我们能想象出衣料的宽松、舒适和柔软。这并不是他们的统一制服，而是宋代文人生活中的常服：交领大袖袍衫。袍子的衣领、袖口边缘用深色衣料镶嵌。这可是一种源远流长的设计，模仿的就是深色锦缎装饰边缘的战国深衣，那已经是距离宋代一千多年前的服饰了。

图中文人戴的这种黑色小帽子叫作“幞（fú）头”，原本是裹在头上的纱巾，到宋代时渐渐演变成了帽子。只有最右侧的苏辙戴着一顶与众不同的方形高帽，叫作“高装巾”，也叫“东坡巾”。据说是他的哥哥苏轼发明的。其实在苏轼出生以前，“巾”这种头饰就已经存在了，叫作“幅巾”，原来这又是一种复古潮流呀！

▲《西园雅集图》（局部） 北宋 · 李公麟 台北故宫博物院藏

图中这位北宋的皇帝，头上戴着的也是一种幞头，▲
属于硬幞头，有两个长长的“脚”
宋哲宗坐像　宋　台北故宫博物院藏

▲《燕寝怡情》图册　清内府设色库绢本
美国波士顿美术馆藏

明代美衣：传统与时尚并存

明代的服饰，不论是男子穿的宽袖袍衫，还是女子的褙子、衫、裙装，都能见到宋元服装的影子。不过，当时的时尚可不只是复古而已哦！明代服装花样繁多，画里的明人要是走进了宋画，一定也会令宋人感到十分新奇！

这幅画中的女子穿着一身精美的衣裙，肩上围的叫作“四合如意云肩”，是云肩装饰中的经典款。这种刺绣华丽、图案吉祥的装饰物最早出现在唐代，是绘画中神仙穿戴的服饰，到了明清时期，它已成为人间华服中最夺目的一部分。明代流行的服饰还有比甲，琵琶乐手穿的那件浅蓝色无袖长背心就是“比甲”，是不是很像我们今天的马甲呢？

明代居家服是什么样呢？让我们把目光投向那位穿黄色宽袖袍衫的男子，他正津津有味地听着琵琶演奏，一边听一边用手中的折扇打着节拍。当时，居家服都是又宽又大，不系腰带，显得悠闲自在。

云肩　清　美国大都会艺术博物馆藏 ▶

▲《燕寝怡情》图册 清内府设色库绢本 美国波士顿美术馆藏

这幅画真是让我们眼花缭乱！不知是先看花园中盛开的花朵、精美的器物，还是看人们紧张的游戏实况。画中人正在玩击鼓传花——现在手持鲜花的是一位穿灰袄红裙的女子，她把鲜花传给了斜对面那位穿立领衣裳的靓装女子。紧密的鼓点正在继续，下一秒可能就会停止。穿浅绿比甲的女子已经提前做好了接力的准备，然而席上的男子却一点儿也不紧张，心情大概就像他的衣服一样宽松，可真是一个胸有成足的玩家呀。

吉服：大吉大利

见过了明人的居家休闲装，当然也不能错过最具明代特色的礼服：吉服。吉服就是古人在庆典上穿着的礼服，是一种华美的盛装。跟之前的朝代比起来，明代吉服在款式上有了很多创新。

先来看看皇帝的吉服吧。画面中这位皇帝为我们展示了一套标准的吉服：他戴的帽子叫作“翼善冠”，因为帽子后面竖着两个朝上的小翅膀，所以也被称为“冲天冠”；身上穿着经典的黄色圆领袍，袍子的前后两面，以及两边肩膀上都绣有圆形的团龙图案；腰上系着腰带，脚上踏着黑靴。这种吉服的款式是从常服演变过来的，不仅皇帝会穿，大臣也常穿，但颜色和花纹会区别开来。

◀《明英宗坐像》　明
台北故宫博物院藏

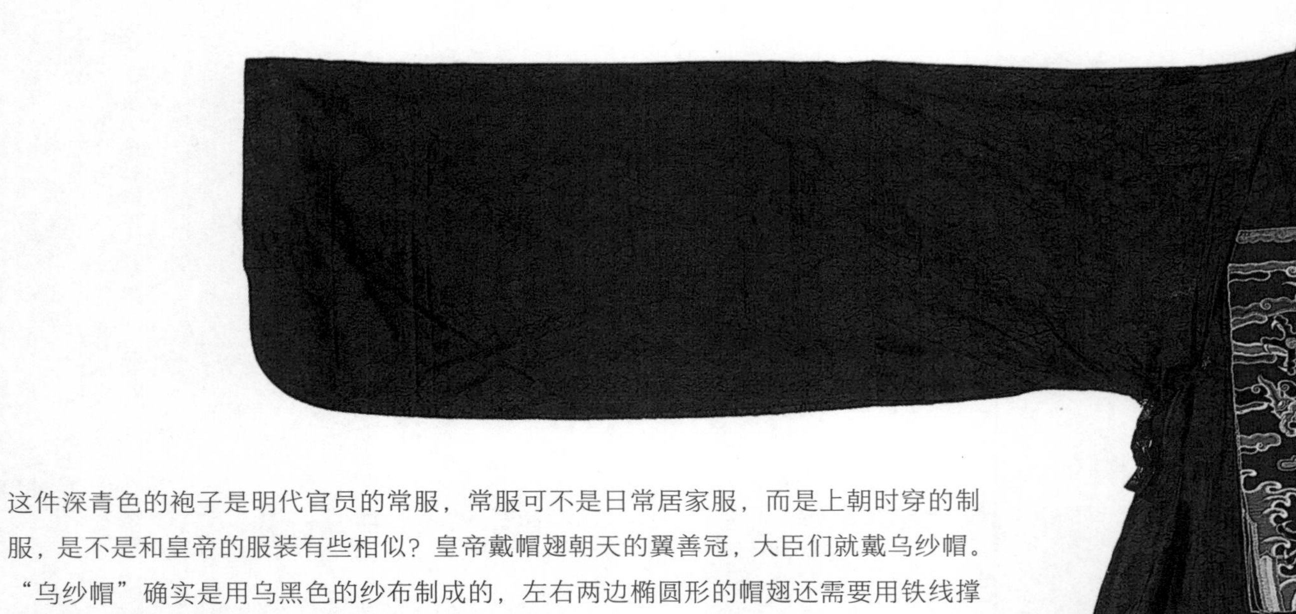

这件深青色的袍子是明代官员的常服，常服可不是日常居家服，而是上朝时穿的制服，是不是和皇帝的服装有些相似？皇帝戴帽翅朝天的翼善冠，大臣们就戴乌纱帽。“乌纱帽”确实是用乌黑色的纱布制成的，左右两边椭圆形的帽翅还需要用铁线撑起来，再盖上黑纱布，才变成画像里的这个样子。

▲《官员画像》（局部） 明
美国克利夫兰艺术博物馆藏

圆领袍也叫盘领袍，是根据领子的样式得名的。大臣们通常穿着红、青等几种颜色的圆领袍，袍子的前胸和后背上都有一块方形的刺绣图案，叫作“补子”。不同类型、级别的官员衣服上的补子花纹不同，所以人们一看到补子，就能很快分辨出这位官员的级别了。

◀ 深青暗花罗缀绣斗牛补圆领袍　明　山东博物馆藏

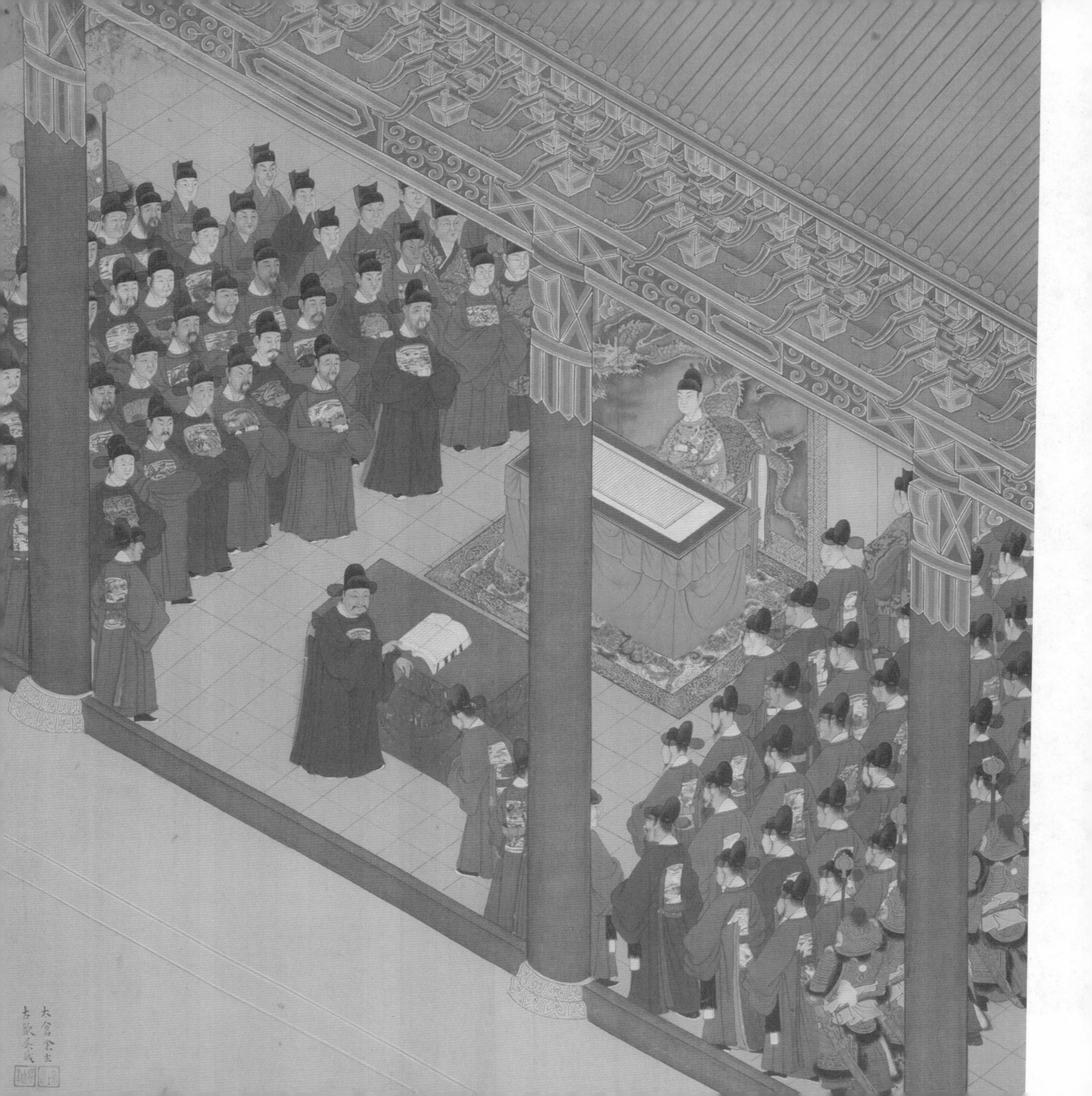

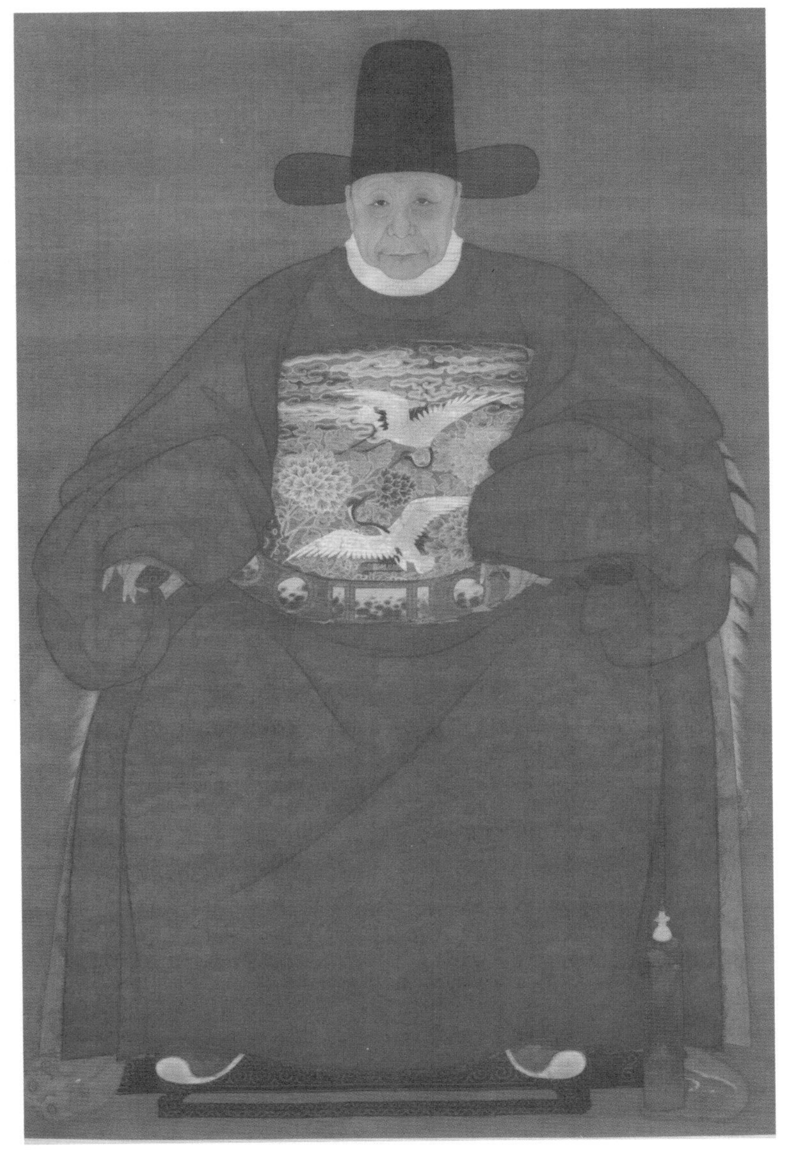

▲ 身穿吉服的明代官员 美国普林斯顿大学艺术博物馆藏

大臣的常服统一换成红色，就成了吉服。在左页这幅场景宏大的画面中，明朝的神宗皇帝正在文华殿举行“经筵（yán）”，那是讨论典籍的大会，相当于皇帝主持的知识研讨会。在这样严肃的场合里，大臣们全都整整齐齐地穿着红色的吉服。

再来看看一幅明代官员的肖像画，他身穿大红色的吉服，补子上有一上一下两只仙鹤。在明代，文官的补子上通常是文雅的飞鸟，而武官的补子上则是威武的猛兽。从这身衣服来看，这幅画像的主人公应该是一位高级文官吧！

◀《徐显卿宦（huàn）迹图 · 经筵进讲》 明 · 余士、吴钺 故宫博物院藏

补子花样繁多，不过在明代前期，补子的颜色还没有那么丰富，大多用金线来描绘图案。到了明代后期，许多补子用上了多种颜色的刺绣工艺，变得更加鲜艳了。

双龙鹊桥补子　明　北京艺术博物馆藏 ▶

▲ 五毒艾虎补子　明　美国宾夕法尼亚大学博物馆藏

◀ 重阳景菊花补子　明　故宫博物院藏

人们不仅用补子区分官员的身份，还能用它来庆祝节日呢。明代宫廷中，人们在不同节日里要穿不同材质的衣裳，衣服上的图案也要和节日的主题相匹配。

比如，农历五月初一至十三，大家都要穿有五毒艾虎补子的衣服，这是为什么呢？五月初五正是端午节，在我国的传统习俗中，这一天家家户户都要挂起艾草，驱赶“五毒”——蝎子、蛤蟆、蜘蛛、蜈蚣、蛇五种有毒的动物。所以补子上就包含了艾草驱五毒的内容。七月初七的七夕节，传说中天上的牛郎、织女在鹊桥相会，宫廷女眷们的衣服上也要出现双龙鹊桥补子；到了九月初四，大家又换上菊花补子，准备过重阳节……一年四季，大大小小的节日，补子换个不停！

正月十五元宵节到了！宫廷里挂起彩灯，女眷们穿上正红色的吉服，成群结队游走在宫殿里，边说边笑。吉服之中，当然也有为庆祝元宵节而设计的补子，不过它可不是唯一的选择。《新年元宵景图》里，大家穿的云肩通袖就是吉服里非常受欢迎的款式，金线织成的花纹布满了短袄的肩膀和两个袖筒，下装搭配深色百褶裙，显得既热闹又华贵。

◀《新年元宵景图》（局部） 明
中国国家博物馆藏

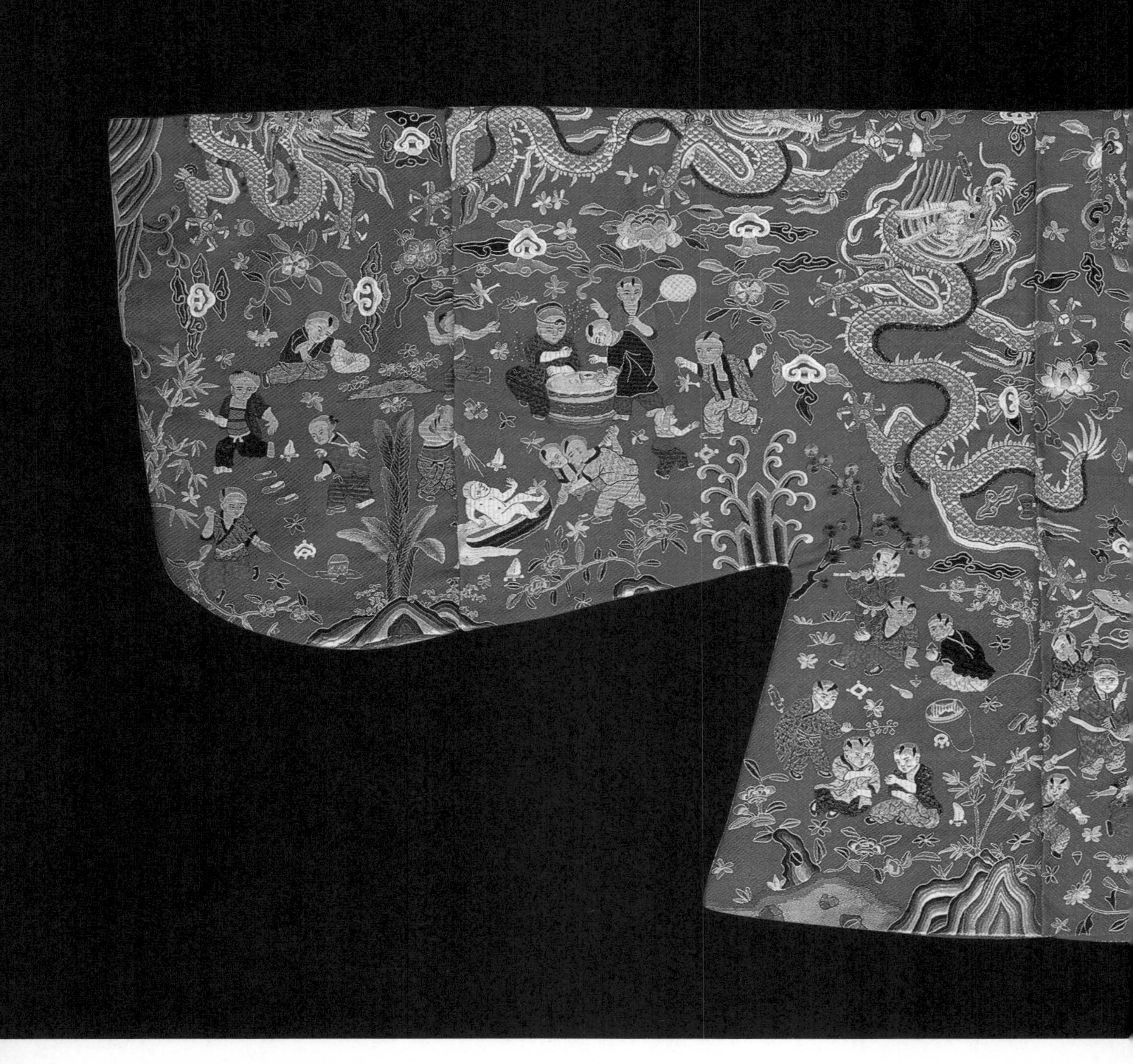

▲ 红素罗绣金龙百子图方领女袄　此为复制品，原件为明代文物

说起“飞鱼服”，我们就会想起影视剧里飞檐走壁的锦衣卫，其实飞鱼服并不是锦衣卫特有的服装，而是皇帝赏赐的官服。这不，孔子的后代——衍圣公就有一件香色麻飞鱼袍。这件官服形状真特别，衣身分为上下两段，腰部以下部分好像百褶裙，这种设计在明代叫“贴里”，既可以当衬衣穿在里面，让外衣的下摆变得舒展蓬松，也可以直接作为外衣来穿着。那么，飞鱼服的飞鱼在哪儿呢？其实，云肩通袖上气势非凡的长龙就是飞鱼了。

你看右边这件吉服，它的主人是衍圣公夫人。庄重的红罗袍，云肩里绣着四只大麒麟，大麒麟身边各有四只小麒麟，还有獬豸（xiè zhì）、老虎、狮子，以及彩云、花卉、寿山福海……各种吉祥的图案一应俱全。

▲ 香色麻飞鱼袍　明　山东博物馆藏

大红色四兽朝麒麟纹妆花纱女袍　明　山东博物馆藏 ▲

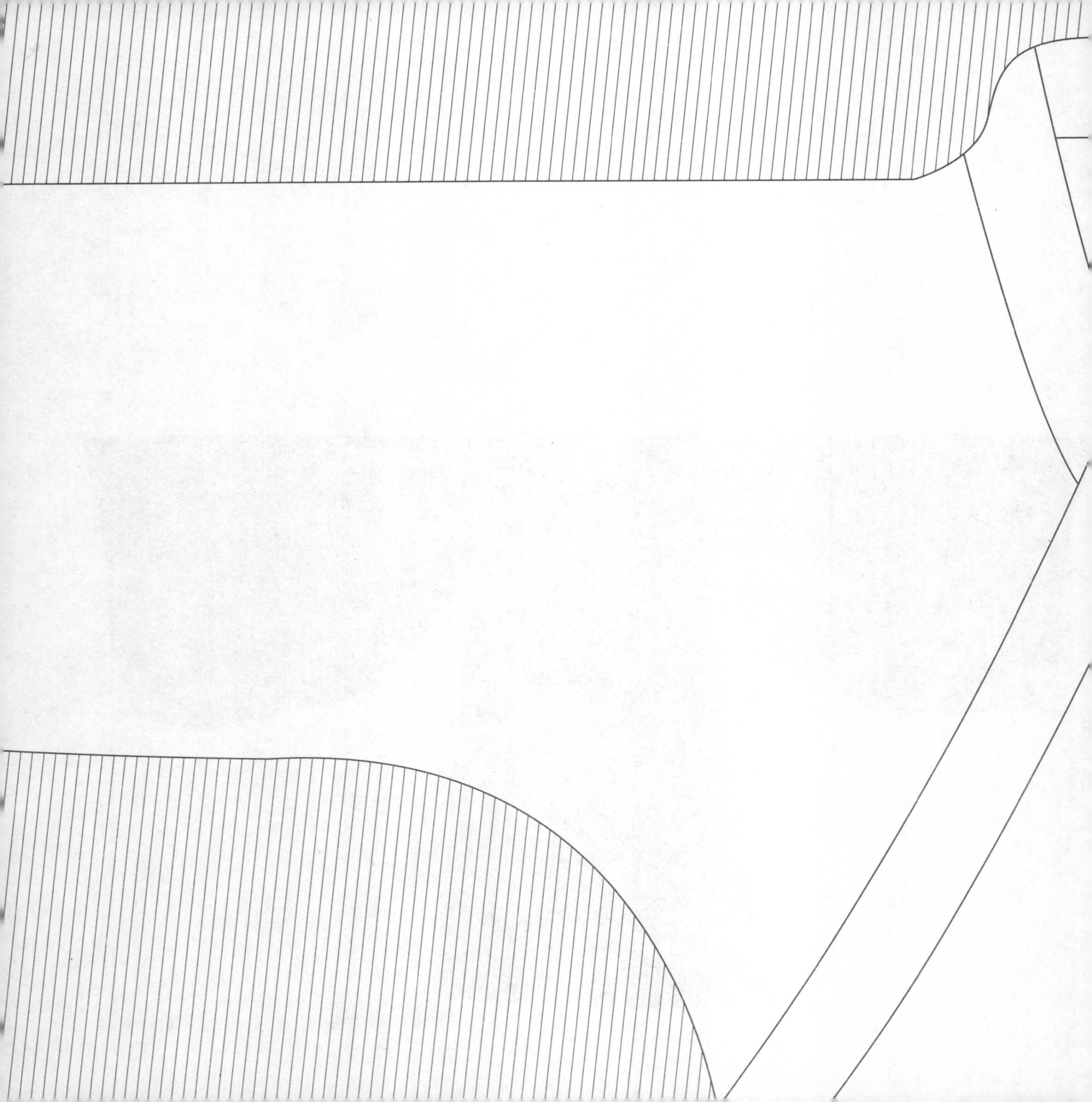

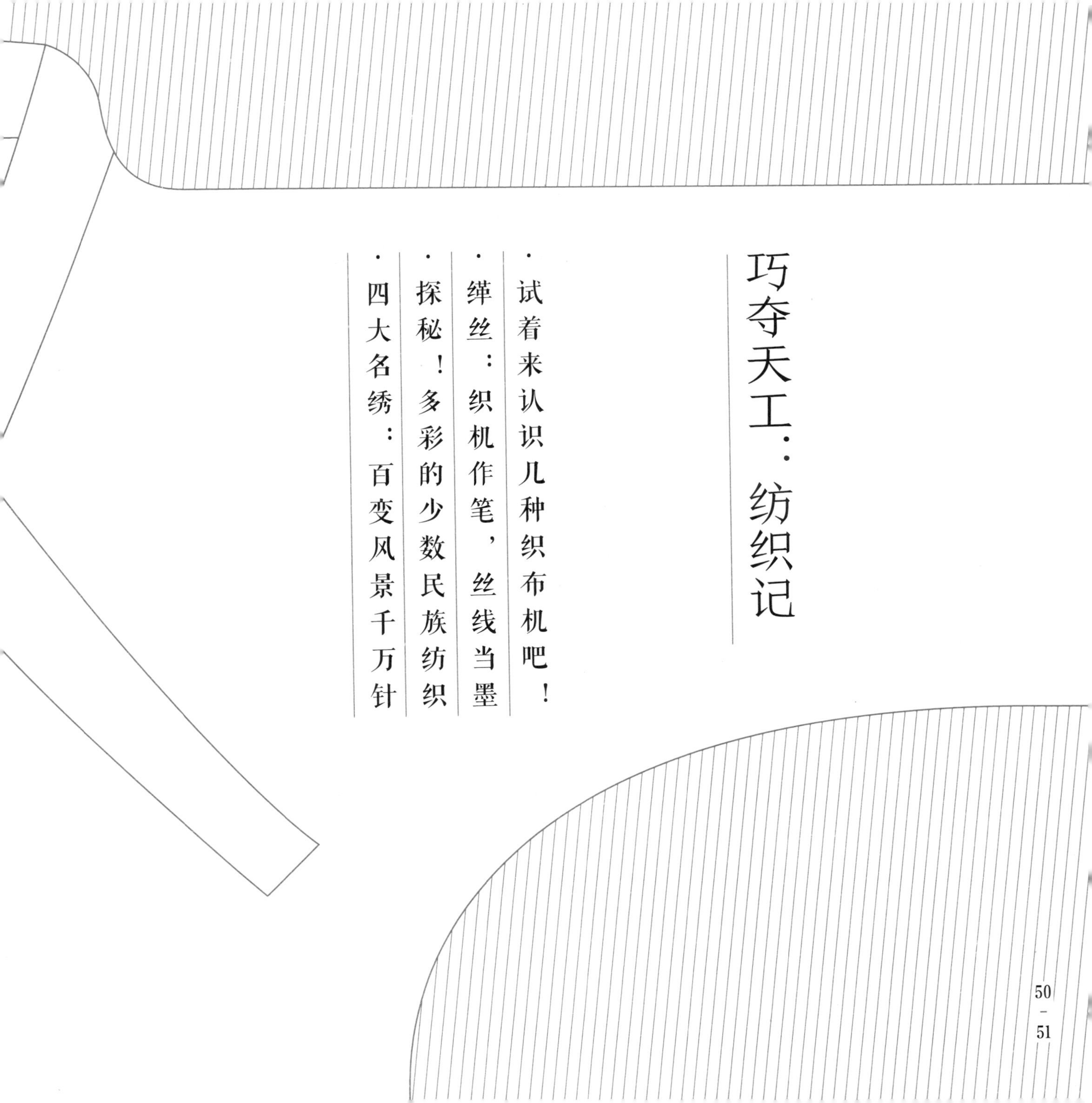

巧夺天工：纺织记

· 试着来认识几种织布机吧！

· 缂丝：织机作笔，丝线当墨

· 探秘！多彩的少数民族纺织

· 四大名绣：百变风景千万针

看过了这么多精美的古代时装之后，或许有人要问：很久很久以前，在没有大机器和服装厂的年代，人们是怎么做出这些巧夺天工的服饰的呢？是的，古人没有大机器，但有自己的家庭小作坊，可以纺织裁衣。

在一些盛产丝绸和棉布的地方，家家户户都会种棉花、养蚕、纺纱、织布，全家老小齐上阵。细细的丝线你来我往，横竖交织成布匹，不仅可以拿来售卖，也为家人提供温饱，还为周围的人们提供穿衣的保障。要是恰好有货商前来收购布匹，作坊里的织布机来回摆动的声音，就要从夜晚响到天明了。

来看看这幅《耕织图》吧，木制的织布机可真是一个大家伙！画中的女性手拿梭子，坐在织布机前忙个不停。从她们脸上的微笑来看，这一天虽然忙碌，但大家的心情都还不错呢！

▲ 提花罗机
《耕织图》（局部）　南宋　中国国家博物馆藏

纺织是一项复杂的工艺，然而智慧的人类却很早就掌握了它。让我们来仔细观察这张图片，这一小块绢片来自四千多年前的新石器时代，也就是久远的史前时代。它实在太古老了，已经朽成了黑色，可上面丝丝缕缕的结构依然清晰可见。

纺织品是由横竖两股丝线交织而成的，纵向的叫作经线，横向的叫作纬线，经线纬线交叠的点叫作“交织点”。日常生活中，我们常用“经纬度”来标明地理位置，竖向是经线，横向是纬线，经纬线交叠的地方就是坐标。任何一座城市，都可以用坐标来确定它在地球上的位置，这个形式是不是和纺织品的经纬线很相似呢？

织布的时候，经线和纬线变换着不同的交织方式，就能织出丰富多样的花纹。图中的史前绢片，经纬线一横一竖交织在一起，组成了一个个细密的“方格”。丝线交缠如此紧凑，织成的布料坚固又耐用，几千年前的人们能织出它，可真不简单呢！

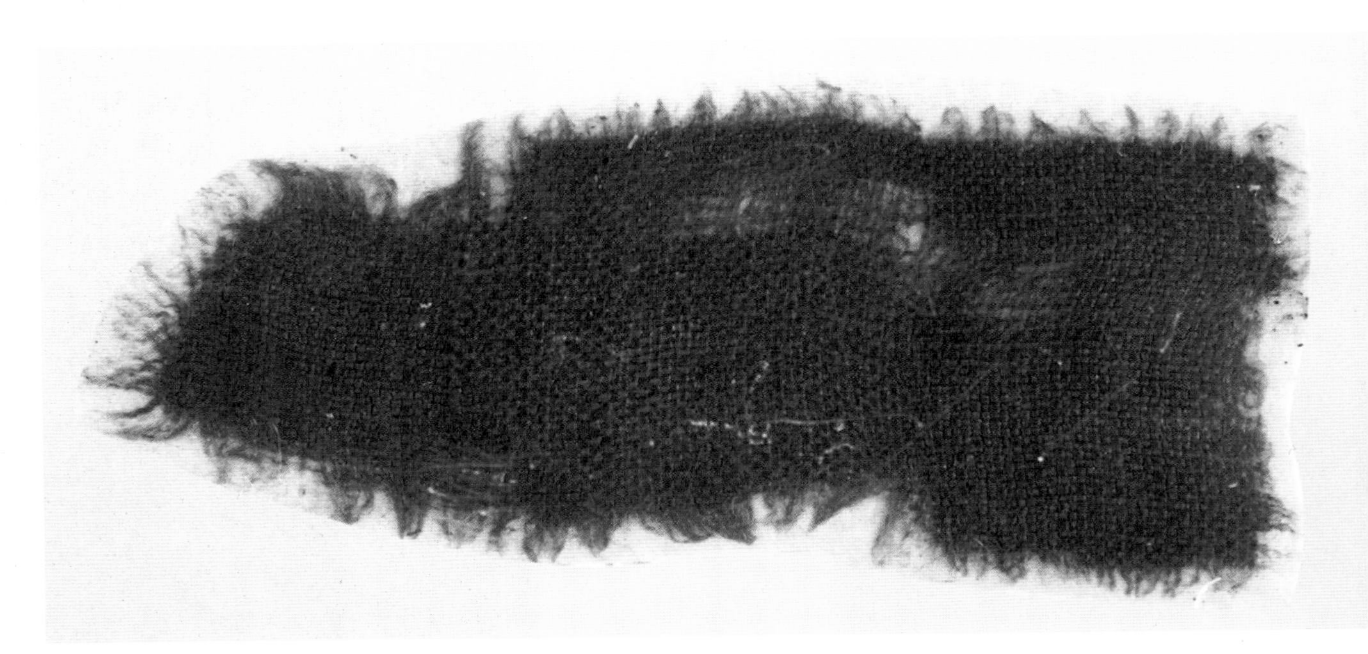

▲ 绢残片 新石器时代（约前 2770—前 2500）
1958 年浙江省湖州市钱山漾遗址出土 浙江省博物馆藏

织布机是纺织的主要工具，不同构造的织机能帮助人们织出不同材质和花纹的布料。在我国，使用比较多的传统织机主要分为两类，一类是踏板织机，一类是提花织机。它们各有什么优点呢？简单来说，踏板织机上带有一个方便的脚踏板，可以让纺织工人腾出手来，更快地挥舞梭子，织布的速度也就大大提高了。

梭子是什么？前面我们已经知道了，要让经线和纬线互相交织，才能织布，而牵住横着的纬线，来回穿过竖着的经线的工具，就是梭子。我们常说“穿梭”，梭子就是这样一种来回穿行的织布工具。

提花织机是另一项了不起的发明，它能织出更丰富的花纹，花鸟虫鱼、几何图案都可以通过提花织机来实现。这些精美的纹样最早出现在了一种名贵的布料上，那就是后来闻名世界的丝绸。

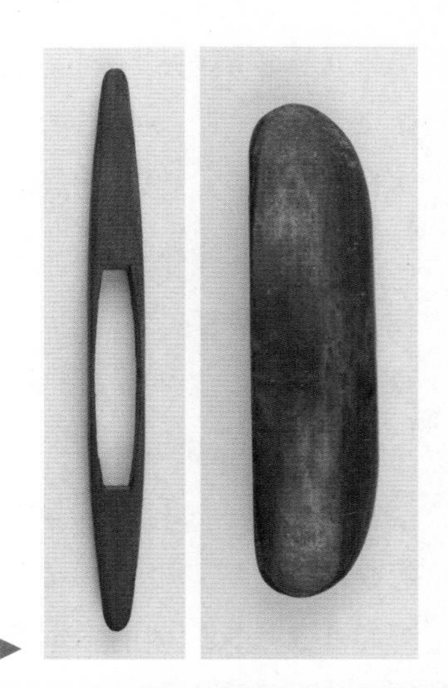

不同款式的梭子 ▶

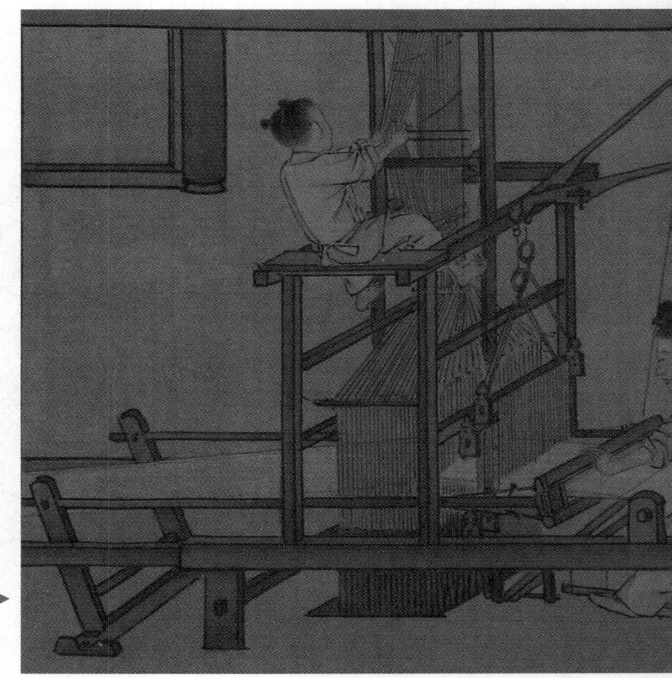

《蚕织图》（局部）▶
南宋 · 吴皇后题注本
黑龙江省博物馆藏

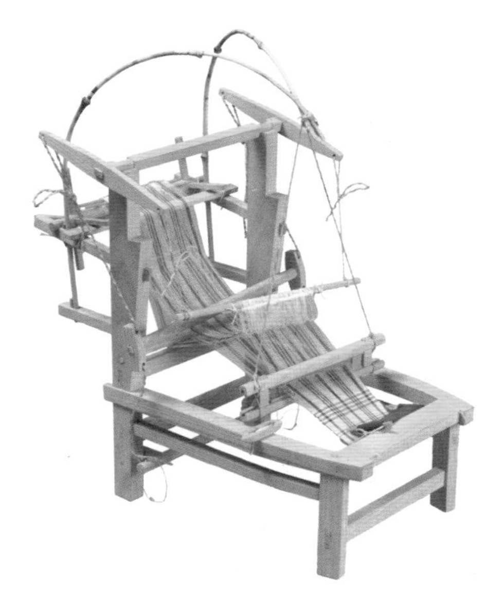

卧机　中国丝绸博物馆藏 ▲

互动踏板织机（绢织机）　中国丝绸博物馆藏 ▲

试着来认识几种织布机吧！

卧机看上去像一张不能坐的椅子，之所以叫它“卧机”，是因为它的机身倾斜。织布工人在机前劳动的时候，要不断摆动腰部，来控制机器的开合运动。

卧机的历史久远，汉代时，人们就已经用它织布了。到了元代，它更是流行全国……直到今天，我们还能在山西、陕西一带见到它勤劳的身影呢。

绢织机，全名叫互动踏板织机，它是踏板织机的一种，看起来比上面的卧机高大多了。织机脚下多出的两块踏板让织布工人可以手脚并用，织出的布料又多又好。这种踏板织机经常用来织绢布，曾经在浙江的乡村非常多见。

◀ 纬丝机　中国丝绸博物馆藏

缂丝：织机作笔，丝线当墨

有一种能把丝料织成图画的奇妙工艺，人们叫它“缂（kè）丝”。织布工人会将事先画好的图稿描在素色的经线上，再按花纹需要，用小梭子把横向的纬线交织在竖向的经线上。织成之后，一幅栩栩如生的丝画就出现了！

“缂织”起源于古埃及和西亚地区，古埃及法老拥有精美的缂麻织物，可以将莲花和人物肖像织在亚麻布上。中亚地区盛产羊毛纺织品，于是有了缂毛织物。当这种奇妙的纺织术沿着丝绸之路传入中国，“缂丝”就应运而生了。

缂丝最早出现在唐代，宋代时达到了巅峰。这时候爱美的人们已不满足于用它来制造华美的布料，而是将缂丝工艺与书画艺术结合在一起，用织布机做笔，丝线做颜料，织出一幅幅巧妙的“织绣画”。

织绣画是什么样子？一起来瞧瞧吧！

▲ 缠着各色熟丝的小梭子

这是织绣画《赵佶（jí）木槿花卉图》，一眼看去，是不是和颜料绘成的花鸟画一模一样？

宋徽宗赵佶是一位多才多艺的皇帝，不仅擅长书法和绘画，也是鉴赏艺术的行家。这幅缂丝木槿花卉图，就是根据他的画织成的。一枝木槿花从窗外的庭院里探出头来，花瓣层层叠叠，仿佛长裙的裙边。木槿花开花的时间很短，据说早上开放，傍晚就会凋谢。然而木槿花生长的速度也很快，人们还来不及思念它，新的花骨朵又神采奕奕地展开了。

画面中，叶子和花瓣的颜色都是渐变的，里面深，外面浅，生动且富有变化。画画的时候，宋徽宗能用颜料晕染出这样的效果，但织工们又是怎么调色的呢？原来，缂丝中有一种技巧叫“合花线”，就是把两种不同颜色的丝线合成一股，再缠到梭子上，用来织出富有层次变化的颜色。这其实很像我们画画的时候，用两种颜色的颜料来调色的原理。

▲ 缂丝《赵佶木槿花卉图》 宋 辽宁省博物馆藏

缂丝《山茶蛱蝶图》 宋 · 朱克柔 辽宁省博物馆藏 ▲

欣赏了丝织的木槿花，再来看看盛开的山茶花吧。深色的背景下，娇艳的茶花不仅吸引了我们的目光，还引来一只小蝴蝶，飞入花丛，不肯离开。

这株山茶花也是用“合花线”织成的，花、叶、枝的渐变效果都需要两种颜色的调和。注意到了吗？这株茶花竟有一片叶子遭到了虫蛀！被虫子啃咬的伤口由米黄色、褐色合花线织成，周围微微发黄，在绿叶上格外醒目。花草树木上虫蚀的痕迹，在自然界十分平常，而缂丝艺术家能将这个小细节表现得栩栩如生，真叫人叹为观止！

▲ 缂丝《野凫（fú）蓉荻（dí）图》立幅　宋　辽宁省博物馆藏

▲ 缂丝《野凫（fú）蓉荻（dí）图》立幅（局部） 宋 辽宁省博物馆藏

缂丝能“画”植物，也能“画”动物。

在秋高气爽的日子里，天空中的白云慢慢飘动，江边的芦苇丛随风摇荡，江水一天比一天凉。浑身羽毛的野鸭可不怕冷，正在悠闲游泳，真是个秋游的好时节呀！

仔细观察这只可爱的野鸭，它蓬松的羽毛不仅要用到合花线，还需要另一种技巧，叫作“凤尾戗（qiāng）”。需要用两种彩色丝线，交替织出长短、粗细不同的线条。看到野鸭胸前和嘴边毛茸茸的羽毛了吗？这正是多亏了“凤尾戗”才织成的。

左边的这幅《蟠桃花卉图》树枝上结了好大的桃子，这可是传说中的仙果：蟠（pán）桃。

神话传说中，蟠桃是一种仙桃，生长在天宫里，几千年才成熟一回，吃了能长生不老。因此在生活中，人们赋予了桃子吉祥的寓意，寄托“健康长寿”的美好祝愿。《蟠桃花卉图》正是这样一幅贺寿图。

我们前面提到的两种缂丝经典技巧：合花线和凤尾戗，在这个作品中都派上了用场。画面中，有棱有角的玲珑石同时用到了合花线和凤尾戗来表现石头凹凸不平的形状。而蟠桃树上的花、叶、枝干则用双线勾勒出了清晰可见、富有质感的轮廓。为了还原画家们的丹青妙笔，一幅织绣画要使用许多种高难度的技巧，可见缂丝艺人付出的心血丝毫不比画家少。

◀ 缂丝《蟠桃花卉图》立轴　宋
辽宁省博物馆藏

缂丝《瑶池献寿图》立轴　宋末元初 ▶
辽宁省博物馆藏

到了《瑶池献寿图》画面忽然一亮，好像有谁打开了一盏灯，让我们可以将缂丝看得更清楚。这幅色彩活泼鲜亮的作品可能来自元代，这时候，人们的审美和兴趣发生了一些变化，王公贵族都崇尚金色。因此，缂丝也开始大量使用金线，像太阳光一样明亮的金色丝线缠进梭子，整幅画面都变得鲜艳奔放了。

画面里的人物都在做什么？数一数，站着的有八个人，他们是民间传说中的八位神仙，分别是铁拐李、汉钟离、张果老、吕洞宾、何仙姑、蓝采和、韩湘子、曹国舅。人们常说“八仙过海，各显神通”，这几位神通广大的仙人正在翘首等待，迎接骑着仙鹤赶来的另一位神仙：寿星老人。几位神仙灰白色的眉毛和胡须都用合花线织成，仔细一看，他们佩戴的巾帽、腰带还有手镯上，都织进了珍贵的金线。

缂丝《崔白三秋图》立轴　元至明 ▲
辽宁省博物馆藏

说到秋天，你会想起什么？除了芦苇、野鸭，是不是还有秋葵、海棠？菊花也是必不可少的。没错，说的就是《崔白三秋图》，这又是一幅描绘秋景的作品，它所使用的颜色，也是具有秋意的黄色和蓝色。黄色的花卉让人想起丰收的景象，蓝色的湖石好像秋季深远的天空和湖泊。

宋代画家创作的花鸟画或许是最受缂丝艺人喜爱的题材之一。一年四季，花草树木，鸟兽虫鱼，自然界中五彩缤纷的事物先是被画家们看在眼里，再被缂丝艺人织进丝线，它们美丽多姿的模样，又在今天和我们相见了。

眼尖的你或许已经发觉，这幅明代的缂丝作品看上去跟前面的宋代花卉有几分相似：深蓝色的背景好似静谧的夜空，洁净素雅的花朵用平缂法织成，安静可爱的绶带鸟，尾羽中交织着金线。

其实，明代的缂丝工艺确实没有超越精致华美的宋代缂丝。这是为什么呢？原来明朝刚刚建立的时候，皇帝朱元璋十分节俭，奢华昂贵的缂丝艺术品在他看来，简直就是在铺张浪费！因为他的排斥，当时的缂丝工艺只得原地踏步，没有获得太多发展。不过宫廷缂丝始终还在继续，到了明代中期，缂丝又再次兴盛起来。

缂丝《梅花绶带图》立轴（局部） 明 辽宁省博物馆藏 ▶

明代后期，又有一群人成了缂丝的忠实粉丝，那就是富裕的文人士大夫和贵族。文人对工艺品的要求可不低，不仅要品位高雅，还要寓意吉祥。这难不倒缂丝艺人，奢侈的高级定制缂丝开始源源不断地涌现出来。

来看看这件为祝寿而创作的定制作品吧：春天里，牡丹、玉兰花纷纷盛开，美丽的绶带鸟落在枝头。因为“绶”与“寿”同音，这种小鸟成为吉祥长寿的象征。这么多喜庆富贵的景物汇聚一堂，定制它的人真是花费了不少心思。

◀ 缂丝《牡丹绶带图》立轴（局部） 明 辽宁省博物馆藏

除了花鸟、人物的题材，缂丝也可以用来表现山水。 ▶
缂丝海屋添筹 明
台北故宫博物院藏

缂丝也常常用来加工成精美的团扇，这幅圆形的缂丝作品，曾经就是一柄团扇的扇面。▲
缂丝桐封秋实团扇　明　台北故宫博物院藏

▲ 缂丝《乾隆御制墨云室记卷》　清　辽宁省博物馆藏

看了那么多花鸟图卷，再来欣赏一幅缂丝书法吧。清代出现了一位著名的缂丝爱好者，他就是乾隆皇帝！清代的缂丝精品大多是宫廷御制，其中又有一大批是乾隆时期缂织的，题材包括书法、绘画、记事卷，等等。

上面这幅缂丝长卷就记载了乾隆的一件高兴事儿：有一天，一位叫毕沅（yuán）的大臣向乾隆献宝，宝物是一方罕见的古墨。乾隆一直喜爱书法，得到这方古墨，如获至宝。与此同时，恰好京城里下起了绵绵春雨，所谓“好雨知时节”，乾隆更加坚定地认为，这方古墨是带来吉祥的宝物，于是为它写诗作为纪念。这件事就这样用缂丝记录了下来，织成了一件精美的纺织艺术品，保存到今天。

◀ 壮锦

探秘！多彩的少数民族纺织

在中国大地上，生活着各种各样的民族，许多民族都有自己独特的纺织技术。因为工具、原材料、风俗和审美的不同，他们织出的布料也是各有千秋。右图中是壮族使用的织机，我们称为壮锦机。

壮族是我国少数民族之一，他们普遍生活在西南地区，广东省、广西壮族自治区、云南省、贵州省、湖南省的大片土地上，都有壮族同胞的家。壮族人制作出的织锦，就叫“壮锦”，也被称为“绒花被”。这种布料是用棉或麻织成的，不仅绚丽多彩，还很厚实，经常被用来制作被子、裙装、各式各样的布包，耐用又好看。

左边这匹精美的布料就是壮锦，花纹是深受壮族人喜爱的几何纹。看这大胆的配色、细密的布局、奔放的设计，说明壮族织工早已牢牢掌握时尚的秘诀了！

壮锦机　中国丝绸博物馆藏 ▲

在彩云之南——云南省的西双版纳、德宏等地区，热情的傣族人世代生活在这里。他们至今还在使用一种古老的织机，采来苎（zhù）麻纺线，染成彩色，织成结实美观的“傣锦”。和壮锦一样，傣锦也喜欢用几何形花纹做装饰，就像我们在右图中看到的：深色背景上，整齐地排列着红、黄、蓝、绿色的鲜艳菱形格，菱形格中还点缀着白色小方块，红色的线条简单却很有现代感。让我们展开想象：傣锦上的花纹像不像种满多彩作物的农田？

◀ 傣锦机　中国丝绸博物馆藏

傣锦 ▶

▲ 侗锦

能歌善舞的侗（dòng）族生活在湖南省、贵州省一带。侗族织机和傣族的织机非常相似，不过和傣锦相比，侗锦朴素了很多。侗锦通常用白色的棉纱当经线，用纬线来织出花纹。看看图中的侗锦，虽然只有黑白两色，但也织出了精细严谨的花纹，即使没有了炫目的色彩，也有一种朴素大方的美感呢！

▲ 侗锦机　中国丝绸博物馆藏

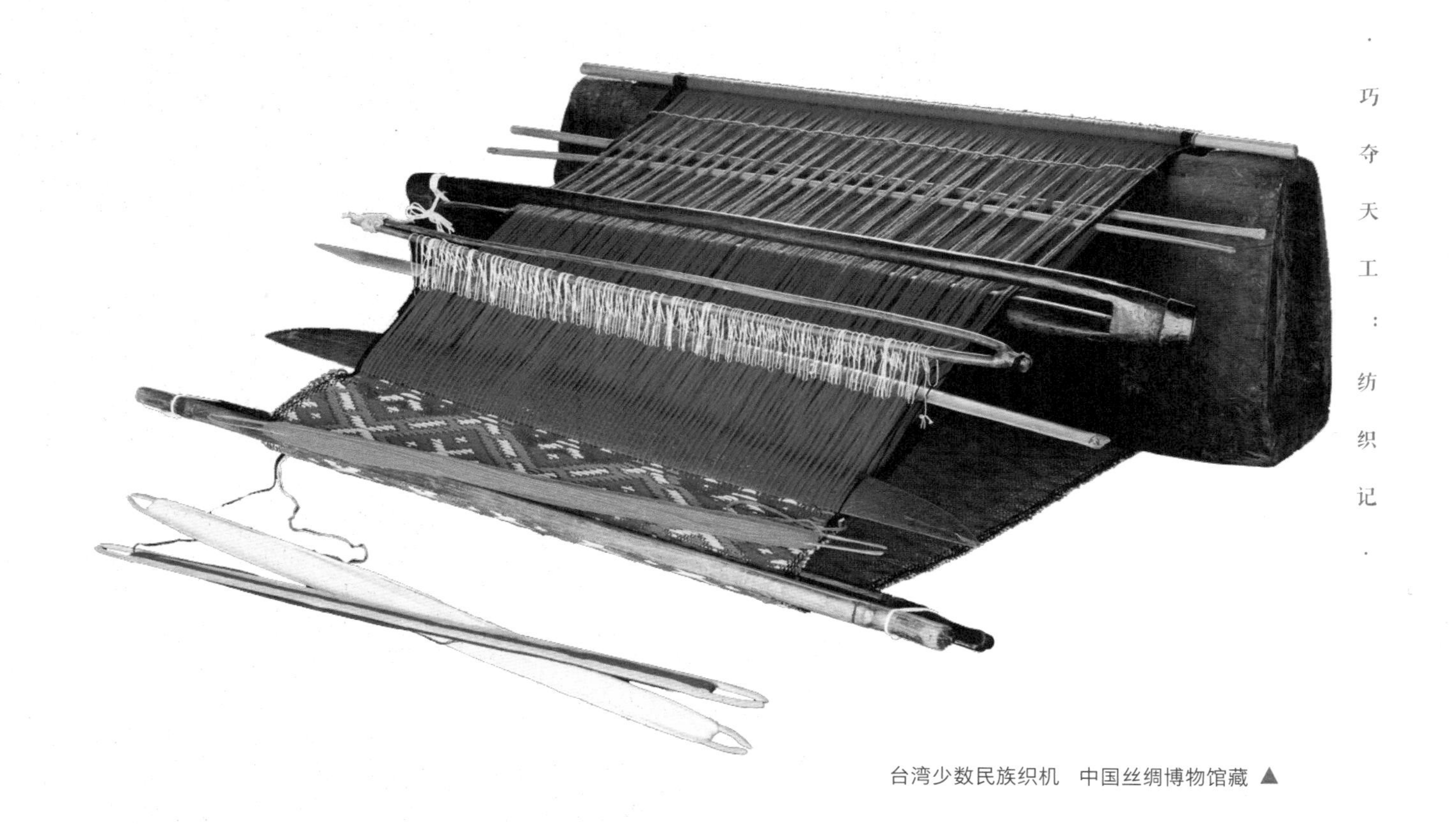

台湾少数民族织机　中国丝绸博物馆藏 ▲

台湾岛上生活着许多少数民族，他们大多也擅长纺织，比如高山族能织一种“高山锦”，用棉、麻做原材料，织锦上有色彩鲜艳的五彩格纹。居住在台湾的少数民族使用的织机是一种流传了很久的古老织机，人们会坐在地上纺织，腰上挂着卷布轴，双脚蹬着另一个巨大的空心线轴，上面绕着密密麻麻的经线。这样织成的布料是一种鲜艳的棉麻布，上面有绚丽的几何菱形图案。

黎族生活在我国海南省，是一个特别善于织布的民族。早在宋代时，海南岛的交通还没有现代那么方便，而黎族人织出的“黎锦”已经在中原大地上畅销无阻了。

瞧，照片里黎族手艺人织布的姿势，是平坐在地上的。她双脚蹬着经线轴，把正在织的布料绷紧，两只手不停动作。这种需要人们坐在地上劳动的织机叫“踞（jù）织腰机”，“踞”就是坐的意思，坐在地上，两条腿像“八”字一样分开。踞织腰机十分古老，是现代织布机的祖先。千百年来，心灵手巧的黎族人就用它织出彩虹一样华美的黎锦。

湖南省美孚方言区织锦　胡亚玲 ▶
摄影

黎族杞方言区织锦上的蛙纹　胡亚玲摄影 ▲

黎族人有自己的语言，但没有形成文字。对自然界的欣赏，对美好生活的感受，丰收时快乐的歌舞，统统被织进了黎锦里，做成衣裙、被单、背包。黎锦的图案十分多样，超过了160种，大家穿戴着天上的星星、云彩、飞鸟，地上行走的牛、鹿、青蛙，披挂着花草、农田、禾苗、鱼虾……美丽的黎锦之中，织着一个欢乐吉祥、生机勃勃的世界。

黎族润方言区织锦上的大力神图　胡亚玲摄影 ▼

黎族赛方言区织锦上的鹿纹　胡亚玲摄影 ▼

壮族、侗族、黎族、傣族……这么多的少数民族织机和纺织技术，是不是让你大开眼界了呢？纯真自然的西南少数民族文化，不仅吸引着我们去了解，也深深吸引住一位法国学者探寻的目光。

这位研究丝绸纺织品的历史学家有个好听的中文名：庄灵。他研究我国西南地区少数民族的纺织，到今天已经有三十多年了。这些年来，他走遍我国的西南地区，在一重又一重的大山里发现了不少神奇的故事。

一切要从 1989 年说起。那一年，庄灵在贵州省黎平县坝寨（bà zhài）村发现了一件有趣的纺织品：纯手工织成的侗族婚礼织锦被面。前面我们已经了解过侗锦了，没想到这张图片里的织锦更多彩，更亮眼！看见这张被面上的图案，聪明的历史学家灵机一动，立刻想起了另一幅相似的图案，那就是考古学家们在湖北省江陵县一座古墓中发掘出的织锦残片。看看两百年前的侗族织锦，再看两千年前的楚国织锦，我们惊奇地发现，这些菱形花纹多么相像啊！这会是一个巧合吗？

▲ 织锦　湖北省江陵县马山战国楚墓出土（引自彭浩《江陵马山一号墓》，文物出版社，1985 年，第 152 页）

▲ 18 至 19 世纪贵州省侗族婚礼织锦被面（局部）　庄灵拍摄

六边形图案 ▲
19 世纪湖南省
龙山土家族婚礼织锦被面（局部）
庄灵拍摄

鹭鸶踩莲图案 ▲
19 世纪湖南省
龙山土家族织锦被面（局部）
何海燕藏，庄灵拍摄

鹭鸶踩莲织物图案的线描图 ▲
原文物由湖北省江陵县
马山战国楚墓出土

无独有偶，庄灵又发现了另一个“巧合”：在湖南省龙山县的土家族婚礼织锦被面上，又出现了酷似古代楚国刺绣和纺织品的图案。除了我们刚刚注意到的菱形花纹，还有一种特别的“鹭鸶踩莲” 图案。仔细观察上面几幅图，你有没有找到它们之间的联系呢？

为了验证自己的发现，庄灵找到了当年写出楚墓考古报告的专家彭浩先生。考古学家告诉他：古代楚国纺织品有独特的纺织技术，织出来的织锦，跟 20 世纪的西南少数民族织锦，有一些特征是非常一致的！

现在我们的猜测就有依据了，今天还在使用的西南少数民族纺织术，是不是和我国古代几千年前的传统纺织术有很大的关联？不过，这是一个很严肃的问题，要弄清楚背后的历史渊源，往往需要付出许多努力！

▲ 贵州省榕江县八开乡苗族织锦腰机（手绘图） 庄灵绘

在专心研究的过程中，庄灵发觉，只看影片和照片远远不够，要想真正了解少数民族的织布机和纺织术，最好的办法当然是亲手去织布了！

刚开始，我们的历史学家遇到了许多困难。他是一位知识渊博的学者，但在纺织技术上，却还是一个小学生。于是他请来织工当老师，一步一步跟着老师的指导慢慢学习，直到明白全部织布流程为止。

少数民族使用的织布机大多数是腰机，织布的时候，需要人们不停地摆动自己的腰部来控制机器。历史学家发现，织布的时候，人的身体跟织机一起运动，就像两个一起跳舞的人。

贵州省革一镇苗族织锦老母花　庄灵供图 ▲

贵州省施洞镇苗族织锦老母花（局部）　庄灵供图 ▲

那么，少数民族同胞又是怎么学会织布的呢？我们知道，传统生活中，织布的人大多数是家里的女性成员，她们有老师吗？

庄灵在研究中发现，当地少数民族女孩从十二三岁起就要学习织锦，这个过程十分艰苦。织锦手艺是一代代流传下来的传统技术，必须严格按照流程进行。可以织的图案也是固定的，不能随意创造自己喜欢的新图案。学习过程中，还要非常细心，一不小心织错一行，就要马上重织，否则可就没有办法再修改了。

织布老师就是家里的女性长辈，奶奶、妈妈、婶婶、嫂嫂等都可以指导孩子们织布，就像“师傅”带“学徒”。但孩子们大多数时候都在自学，家里保留的老纺织品和“老母花”是她们观察学习的教材，织锦的传统工艺就是这样延续下去的。经过养蚕，缫（sāo）丝，纺线，染线……一块织锦的诞生要经过一段漫长又辛苦的过程，而要学会这么复杂的手艺，可不是一件轻松的事。

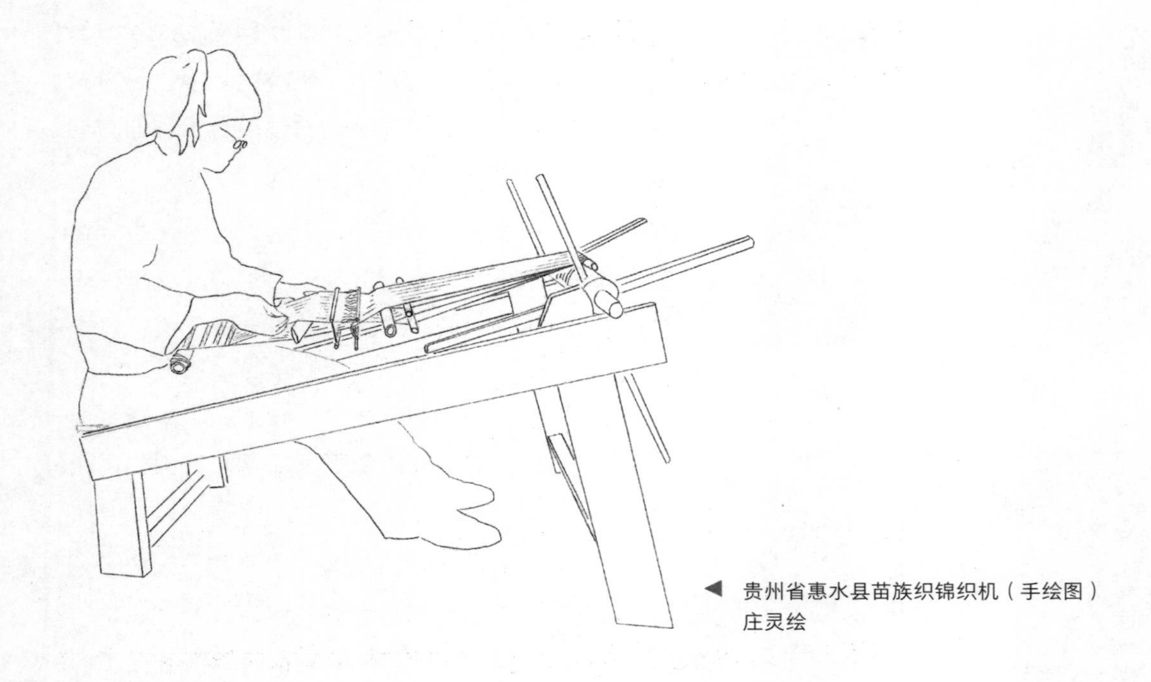

◀ 贵州省惠水县苗族织锦织机（手绘图）
庄灵绘

古老又美丽的民族织锦能一代代流传到今天，也是因为年轻的新生代织工仍然在一丝不差地遵守着传统织法，不会随意修改布上的花纹。这样的劳动会不会很单调？少数民族的织女们会不会感到无聊呢？

通过庄灵的访问，我们就会知道，她们有自己的追求。在过去很长一段时间里，她们织布的初心不是为了追赶时髦漂亮，而是为了继续保持民族的传统和特色。一代又一代织女织着古老的锦布，过着传统的生活，就像她们的妈妈、奶奶，还有更古老的祖先一样。

四大名绣：百变风景千万针

令人惊叹的传统工艺“刺绣”，想必我们大家都不陌生了。刺绣在我国已经有至少4200年的历史，一直深受人们的喜爱。历朝历代都有技艺精湛的宫廷绣工为皇室用具“锦上添花”，而民间的刺绣工艺也同样精彩，甚至成了许多地方的“著名特产”，比如苏州的苏绣、广东的粤绣、湖南的湘绣，还有四川的蜀绣。这些精美的刺绣从丝与花的海洋里脱颖而出，被人们称为“四大名绣”。

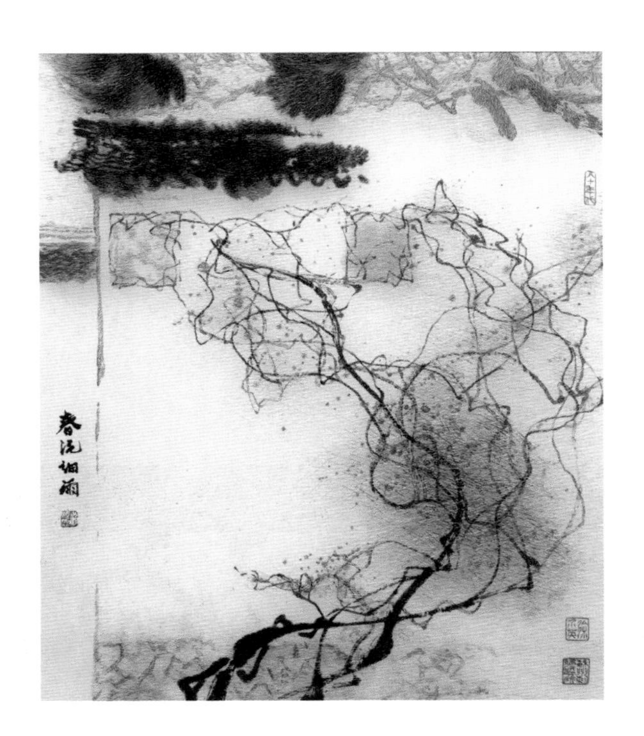

▲ 苏绣乱针绣《春泥细雨》
设计：游伟刚（江苏省工艺美术大师、研究员级高级工艺美术师）
刺绣：徐介英（工艺美术师）

左边这幅作品就是“四大名绣”中的苏绣，里面的风景是江南水乡古镇的一角，细细的春雨像云雾一样笼罩着画面，青黑色的屋瓦好像被雨水化开了。别忘了，这可不是水墨画，而是刺绣艺术家一针一线绣制的作品。整幅画面清新怡人，真像诗人们反复赞颂的江南之春。眼前这片烟雨朦胧的景象，让人忍不住惊叹艺术家高超的技艺。

宋代的苏州有绣衣坊、绣花弄、绣线巷……看名称我们就能猜到，这些都是生产绣品的地方。到了明清时期，苏绣已经发展出了自己独一无二的风格：色彩雅致，绣工精细，图案十分秀美。

这幅双面苏绣作品《杨柳小猫》是可以放在桌面欣赏的台屏。在屏面上，一只毛茸茸的小猫咪正在摆弄轻柔的柳枝，玩得不亦乐乎。不知它是把倒垂下来的树枝当成了逗猫棒，还是看见了停在上面的知了，想要去捕捉它。

“双面绣”是刺绣中的一种传统绣法，早在宋代就已经非常成熟了。后来苏州绣工努力提升这种技术，让它又登上了一座新的高峰。双面绣的特点是作品正反两面的图案、色彩和针法都完全一样，完成后，两面都可以欣赏，不论你从哪一面看，都能看见这只栩栩如生的小猫在戏耍柳枝。

苏绣双面绣《杨柳小猫》▶
设计：朱爱珍（高级工艺美术师）
刺绣：孔亚君（助理工艺美术师）

▲ 苏绣双面三异绣《鹦鹉仕女图》
设计：徐绍青（中国工艺美术大师）
刺绣：王菲（助理工艺美术师）、金艳（助理工艺美术师）

双面绣的正反两面完全一样，那么“双面三异绣”是怎么回事呢？你肯定已经观察到了，这幅《鹦鹉仕女图》正反两面并不一样，我们能看到这位美丽仕女的正面，也能看到她的后背。原来，双面绣中的双面三异绣，“三异”指的是异形、异针、异色，也就是作品正反两面图案、色彩、针法全都不相同。有些双面三异绣的作品能做到一面是小猫，另一面是小狗，实在是奇妙！

▲ 湘绣双面全异绣《花木兰》
设计：黄淬锋（已故中国工艺美术大师）
刺绣：成新湘（湖南省工艺美术大师）、袁敏（高级工艺美术师）、田桂容（工艺美术师）

湘绣是湖南省的“特产”。清朝中期，长沙地区就有很多从事刺绣工作的女性。绣工们越绣越多，越绣越好。1898 年，长沙终于出现了第一家绣坊“吴彩霞绣庄”，这下绚烂的湘绣就像彩霞一样，一下子红遍了全国。

比起清新淡雅的苏绣，湘绣的特色也很鲜明，色彩鲜艳，风格奔放。20 世纪 70 年代，湘绣艺术家们创新出了“双面全异绣”，正反两面不仅图案、颜色、针法不同，画面的意境也不相同。就像这幅双面全异绣《花木兰》，一面是温婉柔丽的女郎，另一面则是充满了力量的花将军。

来看看刺绣豪迈雄壮，威风凛凛的一面！湘绣中有一种特别的技法，叫作“鬅（péng）毛针”，鬅有蓬松的意思，鬅毛针最擅长绣狮子、老虎等毛茸茸的动物。这些威武猛兽身上的毛丝在湘绣艺术家手中都能变得生动形象，根根分明，有十足的气力。难怪人们称赞湘绣“绣花能生香，绣鸟能听声，绣虎能奔跑，绣人能传神”。小心！画面里这只大老虎仿佛随时都会一跃而起，大声长啸呢！

湘绣双面绣《虎头》▲
设计：黄淬锋（已故中国工艺美术大师）
刺绣：刘爱云（中国工艺美术大师）、成新湘（湖南省工艺美术大师）

蜀绣来自蜀中，也就是现在的四川省一带。它的历史十分久远，晋代时，蜀绣与蜀锦一起被称为“蜀中瑰宝”。到了清代，蜀绣已经有了专业的生产线。成都市里开着许多绣坊，专卖自家的绣品。右边这件蜀绣作品表现了一幅灵动的画面：两条象征吉祥的鲤鱼，一红一黑，围绕着一枝倒垂的芙蓉花。鲤鱼身上，半透明的鳞片层层交叠的感觉，都被刺绣艺术家用丝线描绘了出来。天气晴朗，一丝风也没有，鲤鱼们好像也很喜欢这种天气，正在摇头摆尾，悠闲畅游呢。

▲ 蜀绣单面绣《芙蓉鲤鱼图》
设计：郭汝愚
绣制：郝淑萍（中国工艺美术大师）

蜀绣单面绣《大熊猫》 绣制：郝淑萍（中国工艺美术大师）▲

说起四川省的珍宝，你一定会想起憨态可掬的大熊猫吧！蜀绣大师也没有忘记我们的国宝，在这幅蜀绣作品里，正在吃竹子的大熊猫多么生动，简直就像是用照相机拍摄下来的一样。你听到它折断竹子的声音了吗？

荔枝，是受人喜爱的清甜水果，也是岭南特产。大词人苏东坡曾经说：“日啖荔枝三百颗，不辞长作岭南人”，可见他有多为荔枝着迷。广绣是粤绣中的一个流派，产在地处岭南的广州地区。广绣的历史十分悠久。据说，它最初是由少数民族发明的，和黎族的织锦有亲缘关系。到了明代，广绣已经非常发达，绣工们能用孔雀的羽毛编成丝线，用来绣花，绣成的作品光彩夺目，格外耀眼。

看这幅广绣作品，红艳艳的荔枝，浓绿的枝叶，清凉的水面，大白鹅亮出翅膀，上面的羽毛层层叠叠，好生动啊！这正是使用了广绣的传统技法“留水路”而产生的效果。色彩鲜丽，经常选用对比强烈的颜色，也是广绣的特点。画面中红白绿三种颜色相互衬托，让人印象深刻，苏东坡要是见了这幅作品，或许也会很喜欢吧！

▲ 粤绣－广绣《红荔白鹅》
设计：梁纪　刺绣：梁淑萍（广州市工艺美术大师）

粤绣－潮绣《金龙鱼》 康慧芳（广东省工艺美术大师）▲

粤绣－潮绣《麒瑞》 ▲
刘少铭（高级工艺美术师，
潮州市工艺美术大师）

潮绣来自潮州，也是广东传统手工艺的一种，明清时期就已经非常普遍了。那时候，勤劳的潮州女性习惯自己绣制婚服。除了绣自家的礼服，潮州还有专业的绣花匠人，专绣官服和补子。到了晚清，绣花的人家越来越多，精美的潮绣作品更是远销海外。

潮绣色彩浓艳，金黄、碧蓝、大红，热闹喜庆，分外吉祥。你有没有发现，潮绣作品似乎特别鲜明立体。这是因为它独特的工艺：用金银线和绒线相混合，绣花前还要用棉絮、纸片垫底，绣出的花纹就变得立体了，好像浮雕一样。这幅《麒瑞》中的麒麟瑞兽多么威风啊！上面的人物有着戏剧化的形象，脸上的五官都不用画笔，而是一针一线绣上去的。在清代，这种“乌面阔嘴（花脸）”工艺多由男绣工来完成，这也是潮绣的独特之处。

▲ 刺绣女下裙（局部） 清 美国大都会艺术博物馆藏

戏服（局部） 清 美国大都会艺术博物馆藏 ▲

上古时代，人们就非常喜欢在衣服上刺绣，可是在人力和物力受限的年代，只有少数人可以享受到精致华美的刺绣服饰。今天，刺绣服饰已经贴近了大家的生活。刺绣艺术家们的作品经常出现在我们的视线里，甚至我们日常穿着的便装上都能看到各式各样的刺绣。身边的哪些地方会有刺绣图案呢？我们可以留心观察，发现生活中的刺绣之美。

◀ 戏服　清　美国大都会艺术博物馆藏

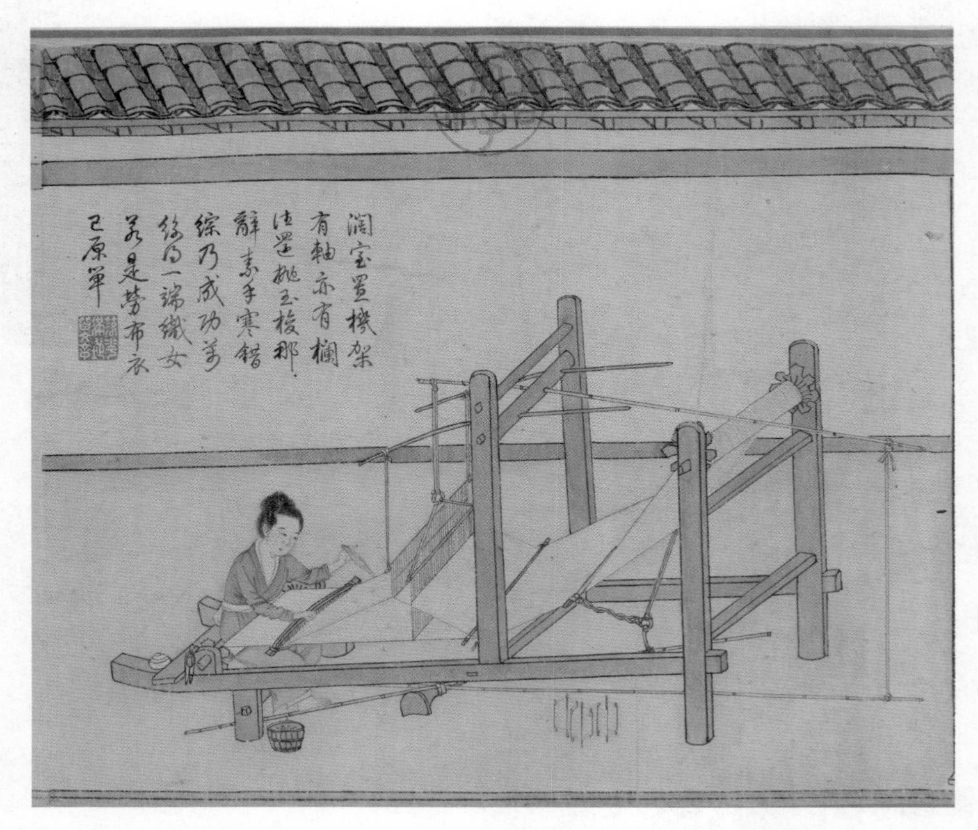

▲ 《耕织图》两卷　据传为元代楼璹（shú）所作，程棨临摹　美国赛克勒美术馆藏

现在，我们穿着属于21世纪的服装，现代服饰丰富多样，创意无限。各种各样的布料、图案、款式任人挑选，它们的样子已经与中国古代传统服饰有了很大的不同。不过，在现代服饰的潮流中，传统服装并没有失去自己的光彩。传统，依然在源源不断地为我们提供新的穿衣灵感。

《耕织图》两卷　据传为元代楼璹所作，程棨临摹　美国赛克勒美术馆藏 ▲

参考资料

本书改编自《湖上》杂志第十三辑《惠风在衣》，高左贤主编，西泠印社出版社，2022 年。

中国历代服装、染织、刺绣辞典 [M]. 江苏美术出版社，吴山主编 2011.

中国古代服饰研究 [M]. 上海书店出版社，沈从文编著，2005.

第 36—49 页　吉服相关内容参考文献：撷芳主人《翠袂红绡耀盛装——浅谈明代吉服》，《湖上》杂志第十三辑《惠风在衣》，2022 年，撷芳主人供图。

第 52—57 页，第 74—79 页　织机相关内容参考文献：龙博《我国各民族织布机》，《湖上》杂志第十三辑《惠风在衣》，2022 年，中国丝绸博物馆龙博供图。

第 58—73 页　缂丝相关内容参考文献：袁芳《琉璃叶下琼葩吐，瑞石华萼鸟嘤嘤——辽宁省博物馆缂丝藏品选介》，《湖上》杂志第十三辑《惠风在衣》，2022 年，辽宁省博物馆供图。

第 84—89 页　少数民族织锦相关内容参考文献：Eric Boudot《从民族志学和考古学的关系看中国传统织锦研究》，《湖上》杂志第十三辑《惠风在衣》，2022 年，庄灵（法国 · Eric Boudot）供图。